기초부터 응용까지 베이킹의 모든 것

BREAD

브레드 마스터 클래스

MASTER

CLASS

PROLOGUE

집에서 따끈한 빵을 구워 먹을 수 있으면 얼마나 좋을까? 집에서도 빵집처럼 맛있는 빵을 구울 수 있을까?

한 때는 빵을 집에서 굽는 것이 로망일 때도 있었습니다. 그러나 최근에 집에서 빵을 굽는 가정들이 늘어나고 점점 수준도 높아지고 있습니다. 그렇지만 빵은 제과와 달라서, 같은 레시피로 만들더라도 반죽을 어떻게 하는지, 발효를 어떤 포인트로 하는지, 어떻게 굽는지에 따라 전혀 달라지는 것이 빵이기도 합니다. 빵은 단순히 레시피 가지고 만들 수도 있겠지만 더욱 맛있고 전문 빵집 같은 빵을 만들려면 기본적인 빵 이론에 대해 알아야 합니다. 최소한 빵에 대해서는 빵 이론을 기본적으로 알고 있는지 못하는지에 따라 레시피를 다루는 자세가 달라지고 이는 최종 제품에 직접적인 영향을 주기 때문입니다.

저 역시 처음 베이킹을 시작할 때 그런 내용을 배울 수 있는 곳이 없었기 때문에 맨땅에 헤딩하듯이 하나씩 테스트해보면서 만들고 익혀왔습니다. 하나를 알기 위해 수많은 테스트를 해야 했고, 소금 기능을 익히기 위해 소금을 단계별로 빼 보면서 빵을 만들고 알아가야 했습니다.

이 책은 그러한 시행착오를 줄여주는 역할을 할 것입니다. 꼭 알아야 하는 제빵 이론을 최대한 쉽게 풀어 쓰려고 노력했습니다. 책 앞부분의 베이킹 가이드는 빵을 만들 때 많은 도움이 될 것입니다. 반죽기와 같은 전문 베이킹 도구가 없어도 쉽게 만들 수 있도록 접기반죽법과 손반죽법을 수록했고, 초급부터 중급까지 모두에게 도움이 되는 기본적인 팁도 공유했습니다.

레시피 역시 한국에서 유행하는 빵들과 기본 빵 그리고 쉽게 접하지 못하는 세계의 스페셜 빵들을 함께 수록해 다양한 빵을 집에서 쉽게 구울 수 있도록 했습니다.

매일 아침 독자 여러분 가정에 맛있는 빵 굽는 냄새가 퍼져나가기를 바랍니다.

고상진

CONTENTS

CHAPTER
1

베이킹 가이드
Baking Guide

CHAPTER 2

베이킹 레시피
Baking Recipe

Baking

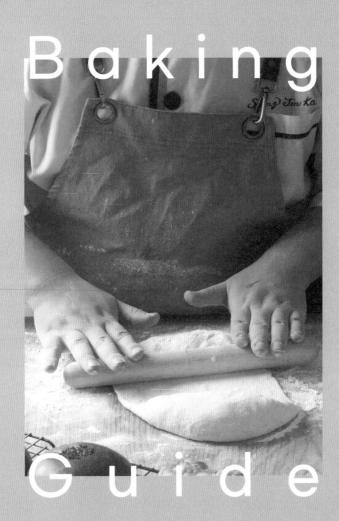

Guide

CHAPTER 1

베이킹 가이드

PART 1

베이킹 재료와
베이킹 도구

01 알아두면 편리한 베이킹 기본 재료

Basic Ingredients

밀가루

밀가루는 빵에서 가장 큰 비중을 차지하는 핵심 재료다. 한국을 포함한 아시아 국가에서는 단백질 함량에 따라 밀가루를 크게 강력분, 중력분, 박력분으로 구분한다. 밀가루에는 글루텐이라는 단백질이 있다. 자연 상태에서는 글루텐이 없지만 밀가루에 물을 붓고 반죽을 하면 밀가루 속에 있는 불용성 단백질인 글루테닌과 글리아딘이 결합해서 빵을 부풀리는 글루텐이 만들어진다. 단백질 함량은 글루텐을 만드는 단백질이 밀가루에 이느 정도 들어있는지 간접적으로 알 수 있는 지표다. 밀가루는 기후와 날씨, 재배 지역에 따라 품질의 차이가 크며 제분과 반죽 기술에 따라 반죽의 흡수율, 내구성도 차이가 크다.

단백질 함량에 따른 밀가루 구분 (한국, 일본, 미국)

종류	단백질 함량(%)	특징	용도
초강력분	12.5~14	캐나다산 밀가루. 탄력이 강하고 볼륨이 많이 필요한 빵에 사용한다. 믹싱 내구성이 좋고 수분 흡수율이 높아 촉촉함이 오래간다.	베이글, 식빵, 치아바타
강력분	11.5~13	끈기와 탄력성이 좋아 일반적으로 빵을 만들 때 사용한다. 이 책에서도 강력분을 많이 사용했다.	식빵, 단과자 빵
준강력분	10~12	하드 계열의 빵에 사용되는 밀가루. 프랑스산 T55, T65가 여기에 속한다. 회분 함량이 국내산 밀가루보다 높아 구수한 맛이 난다.	바게트, 딱딱한 빵
중력분	9~11	볼륨이 많이 필요 없는 빵이나 일부 레시피에 섞어 사용한다.	다목적용, 만두, 국수, 수제비
박력분	7~9	케이크용 밀가루(cake flour)라고도 불린다. 글루텐이 필요 없고 부드러운 과자류나 케이크에 사용된다.	과자, 케이크, 쿠키

한국에서는 주로 단백질 함량으로 밀가루를 나누지만 회분ash 함량에 따라 1등급, 2등급, 3등급으로 나누기도 한다. 회분은 고온에서 밀을 완전히 태우고 남은 재의 무게를 말한다. 밀의 추출률이 올라갈수록 회분 함량이 늘어나기 때문에 얼마나 정제된 밀가루인지 알기 위한 지표가 된다. 1등급 밀가루는 회분 함량이 낮아 색이 희고 고운, 정제가 잘 된 밀가루를 의미한다. 따라서 회분 함량이 적을수록 더 정제된 밀가루이기 때문에 글루텐이 생성되는 데 방해가 되는 물질이 적어 속이 하얗고 푹신한 빵을 만들 수 있다. 대신 미네랄이나 기타 영양분은 줄어든다. 유럽에서는 밀가루를 회분 함량에 따라 나눈다.

회분 함량에 따른 밀가루 구분 (프랑스)

종류	회분 함량(%)	단백질 함량(%)	특징	용도
T55	0.55	10	하드 계열을 만들기 위한 가장 기본적인 밀가루	바게트, 딱딱한 빵
T65	0.65	11	누룽고 구수한 맛이 나며 질기지 않다.	깜빠뉴 등의 건강 빵

물

물은 빵에서 밀가루 다음으로 큰 비중을 차
지하는 중요한 재료다. 빵 만드는 데 정말 중
요한 재료지만, 그 중요성을 인지하지 못하
는 경우가 많다. 물은 밀가루와 결합해서 반
죽을 만들고, 밀가루에 함유된 단백질인 글
리아딘, 글루테닌과 결합해 글루텐을 생성하
고 빵을 부풀게 해준다.

빵에 들어가는 물은 무색무취여야 하고, 경
도는 80~150ppm가 적당하다. 물의 경도는
물속에 녹아 있는 미네랄 함량을 ppm으로
환산한 것이다.

물은 경도에 따라 경수와 연수로 나뉘며, 경
수에는 미네랄이 많고 연수에는 적다. 경수에
함유된 탄산칼슘의 농도는 반죽 특성에 간접
적으로 영향을 준다. 경도가 높을수록 글루텐

결합이 강해져 반죽의 팽창력과 볼륨은 좋아지나 반죽 시간은 늘어난다. 반대로 연수를 사용하면 반
죽은 부드럽지만 끈적이게 되고 볼륨이 작아진다. 일반적으로 한국의 수돗물은 80ppm으로 빵 만들
기에 적합한 경도이다. 역삼투압 방식 정수기 물은 미네랄이 제거된 물이기 때문에 제빵에 적합하지
않다.

이스트

이스트는 진핵생물 곰팡이의 일종으로 빵을 부풀리는 데 핵심적인 역할을 한다. 이스트는 다종다양
해서 실제로 그 종류가 몇백에 이른다. 사카로미세스 세레비시아*Saccharomyces cerevisiae*가 빵을 만들
기 가장 적합하며 일반적으로 많이 쓰인다. 이스트는 빵을 부풀릴 뿐만 아니라 빵의 향과 맛도 좌우
한다. 이스트는 당을 먹어 알코올과 이산화탄소를 만들어내는데, 알코올은 빵의 향과 맛에 관여하
고, 이산화탄소는 글루텐 막에 포집되어 빵을 부풀게 한다. 빵에 사용되는 이스트는 크게 4가지로,
종류별 사용 방법에 대해 알아보자.

+ 생이스트

약 70%가 수분으로 이루어져 있다. 당밀액에 이스트를 액체 배양해서 균체를 덩어리 상태로 성형
해 유통한다. 빵집에서 가장 많이 사용하는 형태의 이스트로 물에 녹일 필요가 없어 바로 사용하기

편리하다. 이스트 중에서 발효력이 가장 좋고 풍미가 우수하지만, 보관이 쉽지 않아 가정에서는 사용하기 어렵다. 냉장고에 보관해야 하며 유통기한이 2~4주로 짧고, 쉽게 상한다. 사용량은 드라이이스트의 약 2배로 밀가루 대비 1~4% 정도 사용한다. 냉장 보관할 때는 반드시 깨끗한 용기에 담고 물이 닿지 않도록 한다.

+ 인스턴트 드라이이스트

홈베이킹에서 가장 보편적으로 쓰이며 실온 보관이 가능하다. 예비 발효 없이 반죽에 바로 넣어 사용하는 이스트로 수분 함량은 5% 내외이다. 반죽에 바로 넣으면 잘 섞이지만, 반죽 시간이 짧거나 손으로 반죽할 때에는 잘 녹지 않을 수 있어 물에 한 번 풀어서 사용한다.

인스턴트 드라이이스트는 크게 밀가루에 들어가는 설탕량에 따라 골드와 레드로 나뉜다. 밀가루에 설탕이 10% 이상 들어가는 고당 효모인 골드는 반죽에 설탕이 많이 들어가는 빵에 사용한다. 레드는 저당 효모로 설탕이 적게 들어가는 깜빠뉴에 사용한다. 유통기한은 2년이나 포장을 뜯은 후에는 밀폐용기에 담아 냉암소에 보관하고, 최대한 이른 시일 내에 소비하기를 권장한다.

+ 활성건조효모

수분 함량이 7% 내외로 좁쌀 모양처럼 둥글둥글하게 생겼다. 인스턴트 드라이이스트가 보편화된 요즘에는 잘 사용하지 않지만, 맛과 풍미가 더 우수해 일부 빵집에서는 아직도 활성건조효모를 고집하고 있다. 반드시 설탕물에 풀어 예비 발효시킨 후 사용해야 한다. 사용량은 인스턴트 드라이이스트와 같고, 밀폐용기에 넣어 서늘한 곳에 보관한다.

+ 세미 드라이이스트

가장 최근에 개발된 이스트로 수분 함량이 25% 정도인 건조한 이스트다. 냉동 보관되며 2년 동안 사용해도 이스트의 사멸률이 낮아 매우 안정적이고 편리하다. 발효력도 우수하지만 맛과 향도 생이스트와 비슷하고 보관 방법도 쉬워 최근 홈베이킹에서 사용이 늘어나고 있다. 게다가 내한성이 높아 냉동 제법에 사용할 수 있다. 사용 방법은 인스턴트 드라이이스트와 동일하다.

소금   코코넛 설탕   건포도

소금

빵을 만들 때 필요한 4가지 재료는 밀가루, 물, 이스트, 소금이다. 소금은 방부 효과가 있어 반죽의 과발효를 막고, 글루텐을 강화하는 역할을 한다. 소금의 양은 밀가루 대비 약 1.5~2% 가 적당하며, 그 이상 사용하면 삼투압에 의해 반죽이 잘 부풀지 않는다. 반면 소금을 아예 넣지 않으면 반죽 결합이 약해져 반죽이 쳐지기 때문에 소금의 역할은 매우 중요하다. 입맛에 따라 0.1~0.2% 정도는 가감할 수 있다. 이 책에서는 간수를 뺀 묵은 천일염을 곱게 갈아 사용했다.

코코넛 설탕

코코넛에서 추출한 수액을 농축해 만든 것으로 짙은 갈색을 띠고 캐러멜 향이 난다. 코코넛 설탕은 철분, 인, 마그네슘, 아연 같은 미네랄이 풍부하고 당 지수가 GI 35로 낮아 동남아시아에서는 설탕 대용으로 사용한다. 덩어리 형태이며 이를 칼로 잘게 다져서 사용한다.

건포도

새콤달콤한 맛과 독특한 식감으로 건강 빵에 자주 사용되는 재료다. 건포도는 당도와 산도가 충분해 발효가 잘 일어나서 천연 발효종을 만들 때도 사용된다. 건포도는 크기가 작고 독특한 신맛이 나는 커런트 건포도를 비롯해 설타나, 골든 레이즌 등 종류가 다양해 빵의 특징에 따라 골라 쓸 수 있다. 건포도는 미지근한 물에 담가 불려서 사용해야 부드럽다.

곡물 믹스　　　　　　　　　치즈　　　　　　　　　메이플시럽

곡물 믹스

곡물 믹스는 건강 빵을 만들 때는 꼭 필요한 재료다. 호밀, 귀리, 콩, 통밀 등 다양한 곡물을 섞어 갈아 만든 가루로 밀가루 대비 5~40% 정도 섞어 사용한다. 시중에 판매되는 크라프트콘이나 멀티그레인믹스 등을 써도 되고 직접 만들 수도 있다. 호밀, 통밀, 귀리, 메밀, 보리, 아마씨, 흑미가루, 옥수수가루 등을 일대일 비율로 섞어 가루를 내면 된다. 곡물 가루는 쉽게 산패되기 때문에 밀폐용기에 담아 냉장한다. 시판되는 곡물가루 중에는 소금이 들어있는 제품이 있으므로 빵 만들 때 소금 사용량에 주의한다.

치즈

우유에 렌닌을 넣어 응고시킨 커드를 압착해서 가공한 것으로 빵을 만들 때는 모차렐라치즈, 고다치즈, 체더치즈, 까망베르치즈, 롤치즈를 많이 사용한다. 롤치즈는 고온에서도 쉽게 녹지 않아 오븐에 구웠을 때도 그 모양이 유지된다. 치즈는 곰팡이 오염이 쉽게 일어나므로 사용 후 반드시 밀봉해서 냉장 보관한다.

메이플시럽

단풍나무의 수액을 농축해 만든 시럽이다. 단풍나무 수액에서 얻은 당은 특유의 향이 있어 캔디, 도넛, 기타 제과 등에 쓰인다. 메이플시럽은 쉽게 녹고 향이 독특해 설탕 대신 많이 사용한다.

호밀가루   통밀가루

호밀가루

호밀은 척박한 땅에서 잘 자라며 러시아, 폴란드, 독일 등에서 주로 재배된다. 호밀을 주식으로 삼는 지역에서는 호밀빵을 만들어 먹는데, 호밀에 함유된 단백질에는 글루텐을 형성하는 글루테닌이 없어 밀가루로 만든 빵보다 색도 진하고 덜 부푼다. 호밀에는 아밀라아제라는 효소가 많아 100% 호밀가루로는 빵을 만들기가 어렵다. 대신 천연 발효종을 넣어 pH를 낮춰주면 반죽이 쉽게 부푼다. 호밀은 식이섬유가 풍부해 변비 예방, 비만 방지 등의 효과가 있다.

통밀가루

밀 입자를 분쇄한 후 밀기울과 배아를 분리하지 않은 가루 전체를 말하며, 밀가루보다 섬유질, 비타민, 미네랄, 항산화 성분, 효소의 함량이 높아 건강 빵을 만들 때 많이 사용한다. 고운 통밀가루와 거친 통밀가루가 있으며 용도에 맞춰 사용한다. 통밀가루는 밀이 통째로 들어가 지방 성분이 많아서 산패하기 쉬우므로 사용 후 밀봉해서 냉장 보관한다.

02 베이킹의 첫 걸음, 베이킹 도구 정복하기
Basic Tools

밀대

반죽을 평평하게 밀거나 넓게 늘일 때 사용하는 나무 재질의 도구. 플라스틱과 나무 재질이 있는데 나무 재질이 덧가루가 더 고르게 붙어 반죽이 잘 안 달라 붙는다. 사용 후에는 밀가루를 잘 털어 통풍이 잘되는 곳에 보관하고, 쓰고 나서 반드시 물기를 바짝 말려 보관한다.

반느통

반죽을 담아 발효시키는 데 사용하는 바구니 모양의 통으로 등나무 또는 대나무로 만든다. 모양은 긴 타원형과 원형이 있으며, 나무 재질이기 때문에 반죽 온도가 일정하게 유지되어 발효가 잘된다. 반느통이 없는 경우는 일반 소쿠리에 밀가루를 뿌려서 사용해도 된다.

볼

반죽하거나 재료를 섞을 때 사용하며 유리와 스테인리스 두 가지 종류가 있다. 유리 볼은 반죽 온도가 변하는 걸 막아줘 빵 만들기에 더 적합하지만, 스테인리스 볼은 직접 가열할 수도 있고 유리 볼보다 가벼워서 실제로 더 많이 사용한다. 깊이가 있고 지름이 넓고 큼직한 것이 사용하기 좋으며 크기별로 갖춰놓으면 편리하다.

분무기

반죽이 마르지 않도록 뿌려줄 때 사용한다. 사용 후에는 깨끗이 씻어 건조한 후 보관한다. 분무기를 고를 때는 최대한 입자가 곱게 분사되는 것으로 선택한다.

식빵틀

옥수수식빵틀, 우유식빵틀, 대식빵틀, 밤식빵틀, 큐브식빵틀, 오란다빵틀 등 크기가 다양하다. 이 책에서는 1/2 대식빵틀 (17×12×12cm)과 오란다빵틀(16×7.5×6.5cm)을 주로 사용했다. 가정에서는 양면 코팅이 된 제품을 사용하면 편리하다. 식빵을 구울 때 호일이나 기름종이를 위에 대고 구우면 열선과 가까운 반죽 부분이 타는 것을 막을 수 있다.

붓

빵에 달걀물을 바르거나 팬에 기름칠할 때, 반죽에 묻은 밀가루 등을 털어낼 때 쓰인다. 붓은 크게 실리콘 붓과 털 붓이 있는데, 실리콘 붓은 세척이 편해 위생적이고 털 붓은 골고루 칠할 수 있다.

온도계

빵 반죽과 물, 실내의 온도를 확인할 때 사용한다. 발효종을 발효할 때 품온 측정에도 쓰인다. 아날로그 온도계보다는 0.1℃까지 정밀하게 측정되는 디지털 온도계가 정확하고 편리하다.

저울

전자저울과 바늘 저울이 있다. 베이킹을 할 때에는 재료와 반죽을 수시로 계량하기 때문에 전자저울이 편리하다. 전자저울은 최소 1g부터 최대 2kg까지 잴 수 있는 것을 고르면 된다.

주걱

실리콘 주걱은 재료를 긁어내거나 섞을 때 사용하는데 무리하게 힘을 가하면 실리콘 이음매 부분이 찢어질 수 있으므로 주의해야 한다. 실리콘 주걱은 고무 주걱보다 고온에 강하기 때문에 살균이 쉬워 위생적으로 사용할 수 있다. 나무 주걱은 실리콘 주걱보다 단단해 반죽 양이 많을 때 쓰면 편리하다.

스크레이퍼

반죽을 여러 덩어리로 나누거나 하나로 모을 때, 빵에 모양낼 때 등 다양하게 사용되는 편리한 도구다. 딱딱한 버터를 자르거나 으깰 때도 사용할 수 있다. 볼에서 반죽을 작업대로 옮길 때 플라스틱으로 된 스크레이퍼를 사용하면 반죽을 말끔히 꺼낼 수 있다. 스크레이퍼는 둥근 모양과 평평한 모양이 있다. 둥근 모양은 주로 볼에서 반죽을 떼어낼 때 사용하며 평평한 것은 반죽을 자르거나 모양을 낼 때 사용한다.

쿠프 나이프

반죽 위에 칼집을 낼 때 사용하는 도구. 사용할 때는 칼날을 45도로 눕혀서 칼집을 낸다. 쿠프 나이프가 없을 때는 칼날이 톱니처럼 생긴 과도를 이용하면 된다.

캔버스천

두꺼운 면 소재의 캔버스천은 밀가루가 잘 묻는 재질이라 빵을
성형할 때 아래에 깔면 편리하다. 반죽이 잘 달라붙지 않도록
밀가루를 충분히 묻히는 게 좋다. 사용 후에는 밀가루를 제거
한 다음 통풍이 잘되는 곳에 보관하며 정기적으로 세탁한다.

유리병

액종을 만들 때 필요한 용기로 살균을 위해 고온을 견디는 유
리를 선택하고, 뚜껑도 금속이나 실리콘같이 열에 강한 재질
로 고른다. 유리병은 물기를 완전히 건조한 후 사용한다.

베이킹 팬

오븐 안에 들어가는 사이즈로 양면 코팅이 되어있고 밑면이
평평한 것이 좋다.

체

가루를 체 쳐서 이물질을 제거하고 공기를 넣어 재료가 잘 섞
이게 하는 도구다. 물에서 재료를 건질 때도 사용하며 발효된
반죽 위에 밀가루를 뿌리는 용도로도 사용된다. 가루를 체 칠
때에는 자동 체를 이용하면 편리하다.

돌판

베이킹 스톤으로 불리며 하드 계열의 빵을 굽는 데 좋다. 일반적인 오븐 팬보다 달궈지는 시간이 긴
돌판을 사용하면 오븐 문을 여닫아도 그 열이 쉽게 떨어지지 않고 빵이 쉽게 타지 않는다. 시중에는
곱돌로 만든 돌판도 있고, 돌가루를 압축해 만든 제품도 있다. 두께는 1.5~1.8cm가 적당하다. 사용할
때는 돌판을 맨 밑단에 놓고 예열한다. 처음에는 낮은 온도로 서서히 길들여가며 온도를 올려야 깨
지지 않고 오래 쓸 수 있다. 30~60분 정도 충분히 예열한 돌판 위에 반죽을 바로 얹어 구우면 열로
잘 부풀고 빵의 기공이 좋아진다.

반죽기

브랜드별로 회전속도와 방식이 다르고 후크 모양도 반죽에 직접적인 영향을 주므로 선택하기 쉽지 않다. 가정용 반죽기로는 300g~1kg의 밀가루를 반죽할 수 있는 10L가 적당하다. 반죽기에 따라 차이가 있으므로 시간보다는 상태를 보면서 반죽해야 한다. 반죽 온도를 조절하기 쉽도록 반죽기의 반죽 볼이 바닥과 붙어 있는 일체형보다는 분리형을 선택한다. 성능이 좋은 반죽기로는 스파 SP800, 파운터 20L, 월드세이키 10L 스파이럴이 있다.

+ 반죽기의 종류

투암 믹서 사람이 두 손으로 섞어 반죽하는 것을 본떠 만든 믹서로 반죽 시간은 오래 걸리지만 마찰에 의한 산화가 적어 밀가루 본연의 맛을 가장 잘 살려준다. 건강 빵이나 브리오슈를 만들 때 사용하며, 가격이 비싼 편이다.

스파이럴 믹서 반죽을 빠르고 효율적으로 할 수 있는 믹서로 전문 베이커리에서 사용한다. 반죽통이 돌면서 나선형 훅이 돌아 반죽을 골고루 치대므로 저속 반죽하는 건강 빵과 식빵을 만들 때 사용한다.

버티컬 믹서 제과제빵에서 가장 많이 사용하는 믹서이다. 고정된 볼에 일자 훅이 돌면서 반죽해 글루텐을 만드는 원리로 제조사마다 회전속도, 반죽기 구조가 다르다.

| 투암 믹서 | 스파이럴 믹서 | 버티컬 믹서 |

오븐

맛있는 빵을 만들려면 먼저 자기에게 맞는 오븐을 고르고, 오븐에 맞는 온도를 찾는 것이 중요하다. 오븐 온도를 찾기 어려울 때는 우선 시간을 기준으로 온도 조절을 하며 시간 내로 구울 수 있는 온도를 찾는다. 이 책에서는 가장 알맞은 오븐 온도를 알려주지만, 가지고 있는 오븐에 따라 달라질 수 있다. 따라서 내 오븐에 맞는 온도를 찾을 때까지 테스트가 필요하다. 가장 안전한 방법은 비교적 낮은 온도로 길게 구우면서 실험하는 것이다.

빵을 고온에서 빠른 시간에 구우면 수분이 적게 날아가 질척해지고, 낮은 온도에서 천천히 구우면 수분이 많이 날아가 퍽퍽해진다. 이럴 땐 온도를 조금씩 올려 적당한 시간과 온도를 찾아내야 한다. 빵 크기가 작으면 높은 온도에서 짧은 시간에 굽고, 빵 크기가 크면 온도를 낮게 해서 열이 속까지 골고루 들어가게 굽는 것이 하나의 팁이다. 빵을 굽다가 색이 잘 나지 않으면 온도를 조금씩 올리면서 색을 확인하고, 시간보다 너무 빨리 색이 나면 유선지를 빵 위에 덮어주고 온도를 낮추면 타지 않게 할 수 있다. 또한 밑면의 색이 많이 나거나 밑불 온도가 세면 철판 한 장을 더 깔면 된다.

+ 오븐의 종류

오븐은 크게 전기 오븐과 가스 오븐으로 나뉜다. 최근에는 주로 전기 오븐을 사용한다. 전기 오븐은 데크 오븐과 컨벡션 오븐으로 나뉜다. 데크 오븐은 단순히 윗불과 아랫불로 열을 가하는 방식이고, 컨벡션 오븐은 가운데에 팬이 있어 열기가 골고루 퍼지며 구워지는 방식이다. 컨벡션 오븐은 주로 수분이 적은 쿠키나 비스킷, 빵을 구울 때 좋고, 데크 오븐은 케이크를 구울 때 적합하다. 일반적으로 쓰는 가정용 오븐은 컨벡션 오븐으로 위아래 온도를 조절할 수 없고, 열도 약하기 때문에 빵을 굽기가 어렵지만 약간의 팁만 알면 얼마든지 좋은 빵을 구울 수 있다.

+ 빵을 맛있게 굽는 오븐 사용팁

1. 예열을 30분 이상 충분히 한다.
2. 돌판을 사용한다.
3. 오븐 문을 열어보지 않는다.
4. 빵 굽는 온도보다 약간 더 높은 온도로 예열한다.
5. 오븐 단을 용도에 맞게 사용한다. 밑불 온도가 센 아랫단은 큰 빵을 구울 때 사용하고, 가운데 단은 작은 빵을 굽기 좋다. 맨 윗단은 쿠키처럼 작고 얇은 빵을 굽는다.

PART 2

반죽 제법

⓵ 스트레이트법
Straight Dough Method

스트레이트법이란 모든 재료를 넣고 한 번에 반죽하는 방법으로 직접법, 직날법이라고도 부르며 반죽법 중 가장 공정이 간단해 소규모 베이커리에서 많이 사용한다. 빨리 만들 수 있고 재료 고유의 맛을 살리는 방법이지만, 다른 제법에 비해 빵의 노화가 빠르고 반죽을 수정할 수 없다는 단점이 있다.

02 사전 반죽법
Pre-Ferment Method

묵은 반죽법

영어로는 올드도우*Old Dough*라고 하며 전에 만든 오래된 반죽을 뜻한다. 반죽을 자르다 남는 반죽이 생기면 버리지 말고 비닐에 싸서 냉장고에 보관해 두자. 묵은 반죽은 3일까지 냉장 보관이 가능하다. 사용할 때는 밀가루의 5~30% 정도를 넣는다. 묵은 반죽을 사용하면 반죽 시간이 단축되어 풍미가 좋아지고 더욱 힘 있는 반죽이 완성된다. 하지만 3일 이상 지난 반죽을 사용하면 풍미가 떨어지고 효소가 과분비되어 식감이 나빠진다.

묵은 반죽은 반드시 같은 반죽끼리 사용하는 것이 좋다. 아무것도 들어가지 않은 건강 빵 반죽은 모든 빵에 사용해도 좋지만, 단과자 빵 반죽이나 충전물이 들어간 반죽

을 건강 빵에 사용해서는 안 된다. 묵은 반죽이 없으면 기본 바게트 반죽을 만들어 1차 발효시킨 다음 냉장 보관해서 사용한다.

풀리시법

소량의 이스트와 물을 섞은 다음 물과 밀가루를 1:1로 섞어 사전 발효하는 방법으로 폴란드에서 사용하기 시작해 풀리시*Poolish*법이라 불린다. 이스트는 주로 생이스트 기준으로 전체 무게의 0.01~0.5%까지 사용한다. 풀리시법은 크게 세 가지로 나뉜다. 첫 번째, 장시간 풀리시법은 0.08%

의 이스트를 넣고 실온에서 6~18시간 천천히 발효시키는 방법으로 풍미는 좋지만 반죽의 볼륨이 떨어진다. 두 번째, 단시간 풀리시법은 1%의 이스트를 넣어 실온에서 1~4시간 발효시키는 방법이다. 비교적 간편해 스펀지도우법 대용으로도 쓰인다. 세 번째, 냉장 풀리시법은 이스트가 많이 들어가는 편이지만 잠시 실온에서 발효시킨 뒤 냉장고에서 발효를 지연시키는 방법이다.

풀리시법은 19세기 어느 제빵사가 값비싼 이스트와 재료를 아끼기 위해 사용한 방법으로 바게트 같은 건강 빵을 만들 때 좋다. 수분이 많기 때문에 젖산균 생성이 왕성해지고 발효로 인해 효소 작용이 충분히 일어나 반죽 시간을 줄여주고 반죽을 잘 늘어나게 하며 풍미와 작업성을 좋게 한다. 풀리시법은 레시피에 들어가는 밀가루 양의 10~50% 정도를 사전 발효시켜 사용하는데, 일반적으로 30~33%를 사용한다.

이스트 양에 따른 풀리시 발효 시간

발효 시간	3시간	6~7시간	12~15시간
이스트 양	1.5%	0.7%	0.1%

＊드라이이스트인 경우 표시된 양의 50%만 사용하고 그만큼의 양을 본반죽에서 빼준다.

비가법

밀가루 대비 물의 비율이 50~55%로 매우 단단한 반죽을 만드는 방법이다. 수분이 별로 없기 때문에 효소의 지나친 작용을 억제할 수 있다. 피자나 치아바타를 만들 때 비가*Biga*를 섞으면 반죽의 힘이 좋아지고 풍미가 살아난다고 알려져 현재까지도 이탈리아에서 주로 사용한다. 이탈리아에서는 비가를 만들 때 처음에만 이스트를 사용하고, 이후에는 물과 밀가루만 계속 리프레시해서 이스트 반죽을 종처럼 사용하는 경우도 있다.

오토리즈법

주로 건강 빵에 사용되는 방법으로, 밀가루와 물만 섞어 20~60분간 휴지시킨 다음 이스트, 소금, 다른 재료를 넣어 반죽한다. 밀가루와 물이 충분히 수화되어 글루텐이 생기고, 밀가루에 있는 효소의 작용으로 반죽이 잘 늘어나는 성질을 갖게 되며, 반죽 시간이 짧아져 밀가루의 풍미가 그대로 유지된다. 소금을 미리 넣으면 글루텐을 수축시켜 생성이 억제되고, 이스트를 미리 넣으면 오토리즈*Autolyse* 시간 동안 불필요한 발효가 발생한다. 보통 밀가루와 물을 섞은 뒤 20~60분을 휴지시켜 사용하지만, 냉장고에 넣어 24~30시간 동안 수화시키기도 한다. 수화가 끝난 반죽을 늘려보면 얇은 글루텐 막이 형성된 것을 볼 수 있다. 오토리즈법의 주목적은 밀가루와 물을 미리 수화시켜 반죽 시간을 단축하고 반죽이 탄력성을 갖게 하는 것이다.

스펀지도우법

중종법이라고도 불리며 반죽을 두 번 한다. 빵에 사용되는 밀가루 중 일부를 반죽해서 발효시킨 다음 본 반죽과 섞어 빵을 만드는 방법이다. 미국에서 고안돼 일본과 한국으로 전해졌으며, 빵의 볼륨과 보존 기간을 늘리기 위해 빵 공장에서 흔히 사용하는 방법이다.

스펀지도우법은 발효 향이 풍부하고 맛도 우수하다. 거기에 빵의 노화가 느려져 보존성이 좋아지며 빵 볼륨도 스트레이트법보다 좋다. 최근에는 개인 빵집에서도 빵의 맛과 향을 좋게 하고 개성이 있는 빵을 만들기 위해서 많이 쓰인다.

스펀지도우법은 밀가루 대비 50~100% 사이를 사용하고 가장 흔하게는 70% 를 사용한다. 스펀지도우법 중 단과자 빵에 사용되는 가당 중종법은 스펀지에 설탕을 넣어 발효시키는 방법으로 이스트에 미리 삼투압을 적응시켜 발효가 안정되게 하는 방법이다. 또한 발효 방식에 따라 실온에서 1~4시간 동안 발효시키는 스펀지도우법과 냉장고에서 천천히 발효시키는 오버나이트 냉장법으로 나뉘며, 오버나이트 냉장법은 주로 브리오슈나 좀 더 촉촉한 식감의 빵을 만들 때 사용된다. 볼륨이 크고 부드러운 빵을 만들고 싶을 때 스펀지도우법을 사용하면 도움이 된다.

탕종법

밀가루를 뜨거운 물로 반죽해 만든 것으로, 주로 식빵에 사용되며 식감을 쫄깃하게 만들거나 빵의 노화를 늦추는 목적으로 사용한다.

만드는 법은 간단하다. 냄비에 소금과 물을 넣고 팔팔 끓인다. 밀가루에 끓는 물을 부어 주걱으로 재빠르게 저어 덩어리 없이 매끄러운 상태가 될 때까지 섞는다. 반죽을 한 김 식히고 비닐에 싸서 냉장고에 넣어 12~18시간 숙성 후 사용한다.

03 천연 발효법의 기초와 만드는 법

Natural Fermentation Method

천연 발효종을 만들기 위해 필요한 재료는 무엇일까? 그것은 바로 빵을 부풀게 하는 효모다. 효모는 탄수화물원인 포도당을 섭취하여 증식한다. 효모는 채소와 과일, 곡물을 비롯해 우리가 먹을 수 있는 대부분에 존재한다. 가정에서 직접 가꾼 채소, 허브, 식용 꽃부터 처치하기 곤란한 과일에 물만 부어 두면 나머지는 효모가 알아서 한다. 이때 반드시 알아둬야 할 것은 효모가 발효되기 위해서는 충분한 당이 필요하다는 점이다.

과일에는 당분이 함유되어 있어 물만 섞어도 발효되지만, 허브나 꽃에는 당이 없어 당분을 첨가해야 한다. 대부분의 효모는 과일 껍질이나 잎 표면에 존재하므로 되도록 씻지 않고 사용하는 것이 좋은데, 그러기 위해서는 유기농이나 무농약 제품을 사용해야 한다. 파인애플이나 파파야, 키위처럼 '파파인'이라는 강력한 단백질 분해효소가 존재하는 과일은 효모를 증식시킬 수는 있지만 빵을 부풀게 하는 글루텐 단백질을 분해해 빵 만들기에 부적합하다.

집에서 천연 발효종 만드는 법

+ 발효종 만들기 체크리스트

유리병 크기

물의 양은 재료의 2.5배가 되도록 하고 내용물은 70% 이상 채우지 않도록 병의 크기도 넉넉한 것으로 준비한다.

유리병 살균하기

1 냄비에 물을 붓고 살균할 병을 넣은 후 물이 끓기 시작하면 이때부터 5분간 삶아 준다.

2 거름망 위에 유리병을 거꾸로 두어 물기를 완전히 말려서 사용한다. 살균 이후 용기 내부를 만지면 오염될 수 있으므로 주의한다.

3 뚜껑은 물론, 사용 도구도 살균한다.

건포도 액종 만들기

천연 발효종을 처음 만든다면 건포도종부터 시작해 보자. 발효력이 좋아 실패할 확률이 적고 재료도 계절과 상관없이 쉽게 구할 수 있다. 건포도는 유기농 제품을 이용하고, 표면이 코팅된 것은 피한다. 섞는 도구는 스테인레스 수저를 사용한다.

+ 준비물 건포도 100g | 25~27℃의 물 250g | 유기농 설탕 10g | 500mL 유리병

+ 만드는 법

1 살균한 병을 준비한다.

2 유리병에 건포도와 물, 설탕을 넣고 잘 섞은 뒤 뚜껑을 덮어둔다.

3 실내온도를 봄, 가을에는 24~27℃, 여름에는 26~28℃, 겨울에는 25~27℃로 유지해 발효시킨다.

4 하루에 두 번 병째로 흔들어주면서 건포도의 표면이 마르지 않게 한다.

5 발효 5일째의 상태가 되면 볼과 체를 이용해 액을 거른다. 이 때 건포도를 너무 눌러 액 속에 들어가지 않게 한다. 이때 초산이나 산이 생성되면 발효가 더디고 쉰내가 난다.

6 다 짠 건포도 액종은 약간 탁하고, 갈색을 띤다. 냉장고에 넣어두면 2주일까지 사용할 수 있다.

+ 발효 진행 과정

당일 건포도가 물에 잠겨 바닥에 가라앉는다.

1일째 건포도가 물을 흡수해 부풀어 오른다.

2일째 건포도가 물을 흡수해 떠오르기 시작하고, 액체는 연한 갈색을 띤다. 이때부터 건포도가 표면이 마르지 않도록 각별히 주의해야 곰팡이를 억제할 수 있다.

3일째 건포도가 액체에 가득 차도록 부풀어 오르고 기포가 맺히기 시작한다. 액체는 연한 갈색을 띤다. 이때부터는 뚜껑을 열지 않는다.

4일째 물이 색이 탁해지고, 대부분의 건포도가 표면으로 떠오른다. 건포도 표면에 기포가 많아지고 뚜껑을 열면 가스 빠지는 소리가 들린다.

5일째 물의 색깔이 더 진해지고, 작은 기포들이 아래에서 위로 올라온다. 귀를 대보면 기포 올라오는 소리가 들린다. 바닥에는 하얀 침전물이 가라앉는다. 달콤한 건포도 향과 알코올 향이 섞여서 난다.

1일째 ——————————— 3일째 ——————————— 5일째

제대로 된 발효종의 특징

1. 발효가 충분히 진행되면 탄산가스 기포가 힘차게 올라온다.
2. 뚜껑을 열면 가스 빠지는 소리가 난다.
3. 발효종 특유의 독특하면서도 달콤한 향과 알코올 향이 나며, 탄산가스의 톡 쏘는 맛이 느껴진다.
4. 신맛이 강하게 나지 않아야 한다.
5. 빛깔이 탁하고 바닥에 하얀 효모균의 침전물이 쌓인다.

발효종의 pH와 당 농도의 관계

발효종을 만들 때는 미생물의 특성을 이해해야 실패를 줄일 수 있다. 미생물은 포도당을 섭취해야 증식할 수 있다. 일반적으로 효모가 잘 배양되기 위한 당함량은 24brix이다. 이는 물 100mL에 24g의 포도당을 뜻한다. 당이 정확하게 들어갔을 때, 최종적으로 12%의 알코올이 만들어진다. 당이 너무 낮으면 효모가 발효 중간에 멈추게 되고, 10% 미만의 알코올의 상태에서 산소가 공급되면 식초가 되어 빵에서 신맛이 나게 된다. 당은 한 번에 넣지 않고 여러 번에 걸쳐 첨가해야 안정된 발효종을 얻을 수 있다.

미생물은 미생물마다 최적의 pH가 있다. 자연 상태에서 발효종을 만들게 되면 초기에는 잡균이 자라다가 젖산균이 자라면서 pH가 낮아지게 되고, 낮은 pH에서도 자랄 수 있는 효모가 이때부터 자라기 시작한다. 잡균이나 젖산균이 우점하는 것을 방지하기 위해 발효종에 레몬즙을 약간 첨가하거나 통조림 파인애플주스를 첨가하여 pH를 4로 조절하면 좋다.

원종 만들기

+ 원종이란?

액체 상태로 완성된 발효종에 밀가루와 물을 넣고 배양한 것을 원종이라 한다. 액체 상태 그대로 반죽에 넣어도 되지만 원종을 만들어 사용하면 발효력이 훨씬 좋아진다. 2~3회 배양하면 발효력이 강하고 안정된 반죽이 된다. 신선한 원종일수록 풍미와 발효력이 강하다. 온도는 항상 22~27℃를 유지하는 것이 매우 중요하다.

+ 준비물 액종 100g | 강력분 500g | 물 400g

+ 만드는 법

1. 볼에 재료 담기 액종 100g과 강력분 100g을 담고 주걱으로 저어 재료가 완전히 섞이도록 한다. 전립분을 10% 정도 섞어 사용하면 미네랄, 단백질, 비타민이 원종의 생육을 도와 발효력이 좋은 원종을 만들 수 있다.

2. 1차 발효시키기 뚜껑을 덮고, 봄여름에는 24℃, 가을겨울에는 26℃를 유지해 18~24시간 발효시킨다. 이것을 원종A라고 한다.

첫번째 리프레시 ——————————————————————— 두번째 리프레시 ———

3. **재료 더 담기** ②의 원종을 100g만 남기고 덜어낸다. 여기에 물 200g을 넣고 저어 다 풀어준 후 밀가루 200g을 넣고 주걱으로 저어 섞고 비닐을 덮는다.

4. **2차 발효시키기** 봄여름에는 24℃, 가을겨울에는 26℃를 유지해 9~12시간 발효시킨다. 반죽이 3배 부푼 상태를 원종B라고 한다.

5. **재료 더 담기** ④의 원종을 100g만 남기고 덜어낸다. 여기에 물 200g을 넣고 저어 다 풀어준 후 밀가루 200g을 넣고 주걱으로 저어 섞고 비닐을 덮는다.

6. **3차 발효시키기** 봄여름에는 24℃, 가을겨울에는 26℃를 유지해 9~12시간 발효시킨다. 반죽이 3배 부푼 상태를 원종C라고 하며 이때부터 빵을 만들 수 있다.

── 세번째 리프레시 ──

천연 발효종 오래 두고 쓰는 보관법

천연 발효종은 다양한 효모들이 살아있어 쉽게 변할 수 있다. 발효종이 잘 만들어지면 누구나 오래 쓰고 싶을 것이다. 오래 두고 쓰려면 보관을 잘해야 한다. 이어 쓰는 방식의 리프레시와 생장을 억제하는 냉장법, 바싹 말려 미생물을 잠들게 하는 건조법 등이 있다.

+ 리프레시

가장 기본적인 방법으로 남은 발효종에 밀가루와 물을 (발효종 1 : 밀가루 2 : 물 2) 비율로 섞어 발효시킨다. 같은 방법으로 남은 발효종을 리프레시하면 얼마든지 계속해서 이어 쓸 수 있다. 다만 과일로 만든 발효종은 네 번 정도가 적당하다. 그 이상 리프레시하면 신맛이 생기거나 맛이 변할 수 있다.

+ 냉장법

낮은 온도를 유지해 발효균의 생육을 늦추는 방법이다. 모든 발효종에 간편하게 적용할 수 있어 널리 이용된다. 발효종을 5℃의 냉장고에 넣고 온도만 일정하게 유지하면 된다. 액종은 한 달, 원종은 2주일 동안 보관할 수 있다. 냉장 보관한 발효종은 바로 사용해도 되지만, 발효종의 두 배 정도의 밀가루를 섞어 하루 정도 발효시킨 다음 사용하면 발효력이 더 좋아진다.

+ 건조법

발효종의 수분을 제거해 발효균을 잠들게 하는 방식으로 1년까지 보관할 수 있다. 건조한 발효종을 다시 쓸 때는 물 1큰술에 발효종 2작은술을 녹이고 강력분 15g을 섞어 실온에서 하루 정도 발효시키면 된다. 새 발효종을 만들 때 조금 넣으면 발효를 돕는 역할을 하기도 한다. 발효종을 건조하는 방법은 다음과 같다.

재료 아주 잘된 발효종 50g | 기름종이 또는 비닐 한 장 | 건조기 | 고무주걱
방법
1 액종의 경우에는 원종을 만들어둔다.
2 기름종이를 펼치고 그 위에 고무 주걱으로 발효종을 아주 얇게 펴 바른다.
3 40℃의 건조기에 말리거나 통풍이 잘되는 따뜻한 실내에 두어 하루 정도 건조시킨다.
4 발효종이 바싹 마르면 절구에 빻거나 믹서로 간다. 밀폐용기에 담아 냉장고에 넣어 보관한다.

천연 발효빵의 성공 조건

발효종을 잘 만드는 것이 천연 발효빵의 핵심이다. 이를 위해서는 온도 관리, 먹이, pH, 산소 공급, 청결 등의 기본 환경을 잘 지켜주는 것이 매우 중요하다.

+ 온도가 일정해야 한다

25℃를 유지하면서 발효하도록 한다. 만약 30℃가 넘어가게 되면 다른 세균이 자라 빵이 시어지거나 잡냄새가 나게 된다.

+ 효모의 먹이 공급이 중요하다

액종을 만들 때 당도는 매우 중요하다. 일정 이상의 당도가 되지 않으면 효모가 발효 중간에 활성이 떨어지게 되고 그 틈을 타 다른 균이 자라게 된다. 따라서 효모가 잘 자랄 수 있도록 당을 24brix로 조절해 주면 좋다. 또 이렇게 당을 초기부터 많이 공급하게 되면 반대로 삼투압 작용에 의해 효모가 스트레스를 받게 된다. 따라서 이때는 조금씩 넣어주는 것이 매우 중요하다.

+ pH 조절이 중요하다.

pH는 발효종 및 미생물 생장에 매우 중요한 요인이다. 발효 초기에 레몬즙이나 통조림 파인애플주스를 넣어 pH를 조절하면 좋다.

천연 발효빵의 이상적인 발효 그래프

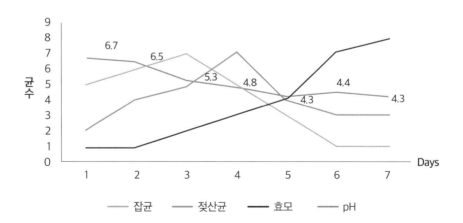

+ 과일 표면이 건조되지 않도록 관리한다.

하루에 한 번 이상 뚜껑을 열지 말고 자주 흔들어 섞어주고 과일 표면이 건조되는 것을 막아야 한다. 일단 발효가 시작되면 흔들어 주지 않아도 된다.

+ 용기를 철저히 소독한다

오염된 병에는 잡균이 많아 효모가 번식하기 매우 어렵다. 원하는 균을 키우기 위해서는 외부 방해 요소를 완전히 제거해야 한다.

천연 발효종 만들 때 궁금증

천연 발효종은 재료나 환경에 따라 진행 상태가 달라진다. 온도를 잘 유지하고 기포 등의 진행 상태를 수시로 확인하는 등 세심하게 살펴야 한다. 천연 발효종을 만들면서 궁금한 점을 알아본다.

Q 발효가 잘 진행되다가 자꾸 멈춰버리는데 어떡하죠?

A 온도가 일정하게 유지되지 않으면 발효가 잘 되지 않아요. 스티로폼 상자나 발효기 등을 이용해 온도를 25℃ 정도로 일정하게 유지하세요. 온도가 20℃ 이하나 30℃ 이상이 되면 발효균보다 먼저 다른 잡균이 서식할 가능성이 많으니 주의하세요. 온도를 유지해도 안 된다면 재료를 바꿔보세요. 오일코팅을 하거나 산화방지제를 사용한 과일, 농약을 뿌린 채소는 발효가 잘 일어나지 않아요. 유기농 제품을 사용해보세요.

Q 발효종을 만들 때 꼭 설탕을 넣어야 하나요?

A 효모가 활발히 활동하려면 먹이가 되는 당분이 필요합니다. 재료 자체에 당분이 풍부하면 상관없지만, 당분이 부족하면 효모의 증식이 늦어지고 다른 균이 자랄 가능성이 크기 때문에 당분을 따로 넣어야 해요. 당의 농도가 24brix 정도는 되어야 합니다. 설탕 대신 꿀을 넣는 것도 좋아요. 하지만 너무 많은 당분은 오히려 효모의 활동을 저해하니 주의하세요. 보통의 기준치는 과일 100g : 물 200g : 설탕 20g입니다.

Q 발효종의 기포가 싹 사라졌는데 왜 이럴까요?

A 더 이상 효모가 활동하지 않는다는 뜻입니다. 이것은 너무 고온에서 발효했거나, 잡균이 생성되었거나, 효모 자체가 자기소화를 해버린 경우입니다. 발효시킬 때는 되도록 급격한 환경변화를 막고 알맞은 온도를 일정하게 유지하세요.

Q 발효종에 하얀 막이 생겼어요

A 원인은 크게 두 가지예요. 초산균에 오염되어 막이 형성되었거나, 야생산막효모가 표면에 자란 경우입니다. 초산균에 오염된 경우에는 빵에서 불쾌한 신맛이 나요. 이때는 윗부분을 전부 걷어내고 남은 발효종 1큰술과 신선한 재료, 물을 새 병에 담고 뚜껑을 꽉 닫아 발효시키면 초산균 활동이 억제되고 다시 효모가 자랄 수 있습니다. 산막효모가 생겼을 때는 제거하기가 어려워요. 다만 살짝 자란 초기에는 윗부분을 걷어내고 당분을 좀 더 보충해서 발효시켜보세요.

Q 원종이 물과 반죽으로 분리되었어요

A 발효력이 약하거나 발효가 너무 많이 진행된 경우로, 온도가 높았거나 액종의 상태가 좋지 못할 때 이런 현상이 나타납니다. 또한 냉장고에 너무 오래 두어도 반죽과 물이 분리됩니다. 일단 밀가루와 다시 한번 섞어 리프레시한 후 발효력을 되살려 사용하세요.

PART 3

천연 발효종
레시피

사과종

사과종은 당분과 유기산이 풍부해 건포도종 다음으로 가장 많이 사용되는 발효종으로 대부분의 빵에 잘 어울린다. 사과는 효모가 좋아하는 당질이 풍부하고 효모가 자랄 때 필요한 칼륨, 미네랄도 풍부해 발효가 잘 이루어진다. 잡균의 번식을 억제하는 유기산이 들어있어 발효종을 만들기에 제격이다.

+ **준비물** 사과 100g | 물 250g | 유기농 설탕 20g | 살균한 500mL 유리병

+ **만드는 법**

1 재료 담기 사과는 껍질 그대로 2x2cm 크기로 썰어 병에 담고 물과 설탕을 넣어 잘 섞은 후 뚜껑을 덮는다.

2 온도 유지하기 재료를 담은 병을 직사광선을 피해 24~27℃ 정도의 실온에 두고, 3~7일간 온도를 일정하게 유지한다.

3 재료 섞기 하루에 두 번씩 사과종을 병째 흔들어 흔들어 사과 표면이 마르는 것을 방지한다.

4 발효시키기

<u>1~2일째</u> 물이 흐린 노란색으로 변하고 사과 표면에 기포가 생긴다. 하루에 두 번 사과종을 병째 흔들어 사과 표면이 마르는 것을 방지한다.

<u>3일째</u> 물이 짙은 노란색으로 변하며 알코올 향이 풍긴다. 표면에 거품이 많아지며 기포도 활발하게 올라온다. 이때부터는 재료 섞는 일을 멈추고 뚜껑도 열지 않는다.

<u>4~5일째</u> 발효종이 탁해지면서 하얀 침전물이 생기고, 시큼한 사과 향이 풍긴다.

5 액체 거르기 완성된 발효종을 체에 부어 사과는 거르고 액체만 다시 발효시켰던 병에 담는다.

6 액종 보관하기 액종은 바로 사용할 수 있으며, 냉장고에 넣어 보관하면 2주일까지 두고 쓸 수 있다.

1~2일째　　　3일째　　　4~5일째

딸기종

봄에 제철인 딸기는 효모가 좋아하는 당분이 가득하고 진한 향과 각종 비타민이 풍부해 발효종 만들기에 제격이다. 충분히 익은 딸기로 발효종을 키우면 3~4일 이내에 부글부글 멋진 발효종이 완성된다. 딸기 발효종으로 빵을 만들면 은은한 딸기향이 난다. 큰 딸기보다는 작은 딸기 여러 개를 사용하는 것이 효과적이며, 농약을 쓰지 않은 잘 익은 과일일수록 발효가 잘 진행된다.

+ 준비물 딸기 100g | 물 250g | 유기농 설탕 20g | 살균한 500mL 유리병

+ 만드는 법

1 재료 담기 딸기를 병에 담고 물과 설탕을 넣어 잘 섞은 후 뚜껑을 덮는다.

2 온도 유지하기 25~28℃도 정도의 실온에 두고 발효시킨다.

3 재료 섞기 하루에 두 번씩 딸기종을 병째 흔들어 딸기 표면이 마르는 것을 방지한다.

4 발효시키기

　<u>1일째</u> 물은 조금 붉게 변하고 딸기는 색이 흐려진다.

　<u>2일째</u> 물은 짙은 붉은색으로 변하고, 딸기는 하얗게 변하면서 약간의 기포가 생긴다. 이때부터는 재료 섞는 일을 멈추고 뚜껑을 열지 않는다.

　<u>3일째</u> 물이 탁해지고 딸기가 쭈글쭈글해진다. 알코올 냄새와 탄산가스의 톡 쏘는 향이 나며 아래에서 위로 기포가 올라온다.

5 액체 거르기 완성된 발효종을 체에 부어 딸기는 거르고 액체만 다시 발효시켰던 병에 담는다.

6 액종 보관하기 액종은 바로 사용할 수 있으며, 냉장고에 넣어 보관하면 2주일까지 두고 쓸 수 있다.

1일째　　　2일째　　　3일째

호밀 사워종

호밀빵을 즐겨먹는 독일, 러시아, 북유럽에서 많이 사용되는 발효종이다. 호밀로 빵을 만들면 호밀에 들어있는 펜토나제, 아밀라아제, 프로테아제 등의 효소들이 반죽의 점성을 낮춰 빵이 딱딱해진다. 하지만 호밀로 발효종을 만들어 반죽에 넣으면 부드럽고 풍부한 호밀빵 맛을 느낄 수 있다.

+ 준비물 호밀가루 500g | 물 500g | 살균한 1000mL 유리병

+ 만드는 법

1단계

1 재료 섞기 호밀가루 100g과 물 100g을 약간의 끈기가 생길 정도로 섞은 다음 비닐 랩을 씌운다.

2 발효시키기 27℃에서 24~48시간 발효시킨다. 살균한 용기에 재료를 다 넣고 스푼을 이용하여 잘 섞어준 다음 27℃에서 24~48시간 발효시킨다. 표면에 기포가 생기고 곡물 냄새와 시큼한 향이 나면 발효가 잘 된 것이다. 발효가 잘 안되면 하루 정도 더 지켜본다.

1   1-2   2   발효 후

2단계

3 재료 섞기 1단계 발효종을 50g만 남기고 나머지는 버린다. 남은 발효종에 호밀가루 100g과 물 100g을 넣고 골고루 섞은 다음 비닐 랩을 씌운다.

4 발효시키기 27℃에서 24시간 발효시킨다. 기포가 많아지면서 반죽이 조금 부풀고 색이 짙어지고, 시큼한 냄새가 난다.

3-1

3-2

4-1 발효 전

4-2 발효 후

3단계

5 재료 섞기 2단계 발효종을 50g만 남기고 나머지는 버린다. 남은 발효종에 호밀가루 100g과 물 100g을 넣고 골고루 섞은 다음 비닐 랩을 씌운다.

6 발효시키기 27℃에서 24시간 발효시킨다. 시큼한 냄새가 줄어들고, 달콤한 향이 나며, 발효종이 2배로 부푼다.

5-1 5-2 6 발효 후

4단계

7 재료 섞기 3단계 발효종을 50g만 남기고 나머지는 버린다. 남은 발효종에 호밀가루 100g과 물 100g을 넣고 골고루 섞은 다음 비닐 랩을 씌운다.

8 발효시키기 27℃에서 12시간 발효시킨다. 발효가 왕성하게 진행되며, 발효 시간도 단축된다. 고소한 곡물 냄새와 함께 새콤한 냄새가 난다.

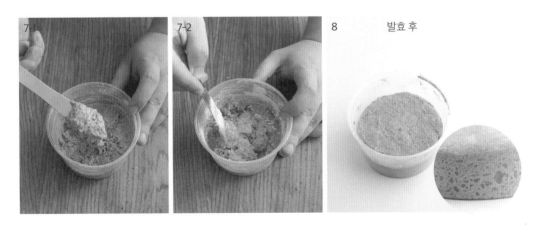

7-1 7-2 8 발효 후

5단계

9 재료 섞기 4단계 발효종을 50g만 남기고 나머지는 버린다. 남은 발효종에 호밀가루 100g과 물 100g을 넣고 골고루 섞은 다음 비닐 랩을 씌운다.

10 발효시키기 27℃에서 6시간 발효시킨다. 완성된 발효종은 바로 쓸 수 있으며 냉장고에 두면 일 주일까지 쓸 수 있다.

사워종 보존법

사워종은 계속 이어서 사용할 수 있다는 장점이 있다. 사워종은 리프레시를 거듭할수록 안정된 모습을 보인다. 활성이 좋은 호밀종은 리프레시 후 4시간이 지나면 2배 이상 부풀고, 향긋한 과일향과 시큼하면서도 달콤한 알코올 향이 난다. 반죽이 3배 정도 부풀면 냉장고에 넣고, 일주일 간격으로 5단계를 반복하며 보관한다.

9-1

9-2

10-1 발효 전

10-2 발효 후

르방

가장 기본이 되는 발효종으로 국내 베이커리에서도 널리 이용하고 있다. 르방은 한번 만들면 오염되기 전까지 계속 리프레시할 수 있다. 호밀 사워종보다 더 부드러운 맛과 향을 내며, 호밀빵뿐만 아니라 모든 빵에 응용 가능하다.

+ 준비물 밀가루 450g | 호밀가루 150g | 물 600g | 간 사과 10g | 살균한 1000mL 유리병

+ 만드는 법

1단계

1 재료 섞기 호밀가루 100g과 물 100g와 강판에 간 사과 10g을 섞은 다음 비닐 랩을 씌운다.

2 발효시키기 27℃에서 24~48시간 발효시킨다. 호밀은 시큼한 향을 내면서 많은 기포와 함께 부풀기 시작한다. 발효가 잘 안 되면 하루 정도 더 지켜본다.

2-1 　　 발효 전　　　 2-2 　　 발효 후

3 재료 섞기 1단계 발효종을 50g만 남기고 나머지는 버린다. 남은 발효종에 밀가루와 호밀가루 각
　　각 50g 씩과 물 100g을 넣고 골고루 섞은 다음 비닐 랩을 씌운다.

4 발효시키기 27℃에서 24시간 발효시킨다. 기포가 많아지면서 반죽이 조금 부풀고 색이 짙어지
　　고, 시큼한 냄새가 난다.

3단계

5 재료 섞기 2단계 발효종을 50g만 남기고 나머지는 버린다. 남은 발효종에 밀가루 100g과 물 100g을 넣고 골고루 섞은 다음 비닐 랩을 씌운다.

6 발효시키기 27℃에서 24시간 발효시킨다. 서서히 액화되며 작은 기포가 생긴다. 약간 부풀어 있으며 신맛이 나고 요구르트향도 난다.

5-1   5-2   6   발효 후

4단계

7 재료 섞기 3단계 발효종을 50g만 남기고 나머지는 버린다. 남은 발효종에 밀가루 100g과 물 100g을 넣고 골고루 섞은 다음 비닐 랩을 씌운다.

8 발효시키기 27℃에서 18시간 발효시킨다. 발효가 왕성하게 진행되며, 알코올 향과 시큼한 향이 나고 탄산가스처럼 톡 쏘기 시작한다.

7-1   7-2   8   발효 후

9 재료 섞기 4단계 발효종을 100g만 남기고 나머지는 버린다. 남은 발효종에 밀가루 200g과 물 200g을 넣고 골고루 섞은 다음 비닐 랩을 씌운다.

10 발효시키기 27℃에서 12시간 발효시킨다. 반죽이 3배 부풀면 완성이다. 발효종은 바로 쓸 수 있으며 냉장고에 두면 일주일까지 쓸 수 있다.

1. 전립분을 사용하면 더욱 힘 있는 반죽을 얻을 수 있다. 전립분에는 미네랄, 비타민, 기타 영양소가 풍부하게 들어있어 왕성한 발효가 일어난다. 전립분은 밀가루의 약 10%의 비율로 첨가한다.

2. 르방을 처음 만들 때, 통조림 파인애플주스를 넣으면 더 안정된 발효종을 얻을 수 있다. 그 이유는 파인애플에 들어있는 구연산이 pH를 낮춰 초기부터 잡균의 번식을 억제하기 때문이다.

3. 르방은 인내심을 필요로 한다. 발효가 안 되도 당황하지 말고 어느 순간 발효가 되기도 하니 처음부터 실패라고 단정하지 말자. 부피가 늘어나는 모습을 면밀히 살펴보다가 부피가 3배 정도 되면 냉장고에 보관한다. 리프레시는 매일 같은 시간에 하는 것이 좋고, 8~9번 정도 권장한다. 튼튼하고 힘 있는 르방은 새콤달콤하면서 기포가 활발하게 올라오는 상태이다.

9-1 9-2
10-1 발효 전 10-2 발효 후

누룩종

한국에서 오래전부터 빵을 부풀릴 때 이용했던 방법으로 조선시대의 생활 백서인 규합총서에서는 누룩종을 사용하는 '상화' 레시피가 나와 있다. 누룩종으로 만든 빵은 발효력이 비교적 강하고 한국적인 맛이 난다. 밀이나 곡식을 거칠게 가루 내어 물과 반죽한 다음 성형하여 따뜻한 곳에서 한 달 정도 자연 발효시키는 방식으로 각종 곰팡이나 효모가 공생하고 있다. 여기서 자연균을 얻어 발효종을 키운다면 한국적인 빵이 완성될 것이다.

+ **준비물** 쌀 150g | 누룩 30g | 물 220g | 레몬즙 10g | 살균한 500mL 유리병

+ **만드는 법**

1 쌀 불려 물기 빼기 쌀을 깨끗이 씻어 물에 5시간 정도 불린 후 체에 밭쳐 1시간 정도 물기를 뺀다.

2 쌀 찌기 불린 쌀을 찜통에 안쳐 중간불로 40분 정도 찐 다음, 불을 끄고 10분간 뜸을 들인다. 다 되면 넓게 펼쳐 35℃ 정도로 식힌다.

3 누룩과 물 섞기 누룩과 물을 섞어 1시간 이상 불린 후 부드러워지면 소독한 숟가락으로 충분히 젓는다.

4 액체 걸러 고두밥과 레몬즙 섞기 ③을 체에 걸러 살균한 병에 담고 고두밥과 레몬즙을 넣어 골고루 저은 다음 뚜껑을 닫는다.

5 온도 유지하기 재료를 담은 병을 직사광선을 피해 25~27℃ 정도의 실온에 두고 발효가 끝날 때까지 온도를 일정하게 유지한다.

6 발효시키기 발효종의 기포, 색깔, 냄새를 매일 확인하며 발효 진행을 살핀다.

7 액체 거르기 완성된 누룩종을 고운체에 걸러 찌꺼기를 버리고 나머지는 발효시켰던 병에 다시 담는다.

8 액종 보관하기 누룩종은 바로 사용할 수 있으며, 냉장고에 보관하면 일주일까지 두고 쓸 수 있다.

대추야자종

대추야자는 대추야자 열매로 당도가 매우 높고 맛도 좋아 전 세계에서 사랑받고 있다. 특히 대추야자는 풍부한 영양분과 당분으로 중동지역에서는 금식 후 속을 달래고 에너지 보충용으로 먹는다. 고대 이집트에서 대추야자로 즙을 내서 빵을 만들고 술을 만들었다는 기록이 있는 것으로 보아 대추야자는 옛날부터 발효종으로 사용되었다는 것을 알 수 있다.

+ 준비물 대추야자 100g | 물 250g | 설탕 15g | 살균한 500mL 유리병

+ 만드는 법

1 병에 재료 담기 씨를 제거한 대추야자를 적당히 잘라 병에 담고 물과 설탕을 넣어 잘 섞은 후 뚜껑을 닫는다.

2 온도 유지하기 재료를 담은 병을 직사광선을 피해 24~27℃ 정도의 실온에 두고, 발효가 끝날 때까지 온도를 일정하게 유지한다.

3 발효시키기
　<u>1~2일째</u> 하루에 두 번씩 대추야자종을 병째 흔들어 섞어주면서 대추야자 표면이 마르는 것을 방지한다.
　<u>3~5일째</u> 발효종이 탁해지면서 알코올 향과 기포가 활발하게 나오고 하얀 침전물이 생기기 시작한다.

4 액체 거르기 완성된 발효종을 체에 부어 대추야자는 거르고 액체만 다시 발효시켰던 병에 담는다.

5 액종 보관하기 액종은 바로 사용할 수 있으며, 냉장고에 보관하면 2주까지 두고 쓸 수 있다.

1~2일째　　　3~4일째　　　5일째

바나나종

아프리카 지역에서 술을 담가 먹을 정도로 발효가 잘되는 과일 중 하나다. 당질이 풍부해 소화 흡수가 잘 되고 비타민, 단백질, 섬유질까지 골고루 함유하고 있어 몸에도 좋다. 표면이 검게 되는 순간 사용하면 더욱 발효가 잘 된다.

+ 준비물 바나나 100g | 물 250g | 설탕 20g | 살균한 500mL 유리병

+ 만드는 법

1 병에 재료 담기 바나나는 껍질을 벗기고 적당한 크기로 잘라 병에 담고 물과 설탕을 넣어 잘 섞은 후 뚜껑을 닫는다.

2 온도 유지하기 재료를 담은 병을 직사광선을 피해 24~27℃ 정도의 실온에 두고, 발효가 끝날 때까지 온도를 일정하게 유지한다.

3 발효시키기 하루에 두 번씩 바나나종을 병째 흔들어 섞어주면서 바나나 표면이 마르는 것을 방지한다.

<u>1~2일째</u> 바나나가 갈색으로 변하고 표면에 기포가 조금 맺힌다.

<u>3일째</u> 바나나가 쭈글쭈글하고 검게 변하여 물도 탁해진다. 이와 함께 알코올 냄새가 나고 기포가 아래에서 위로 힘차게 올라온다. 이때부터는 재료 섞는 일을 멈추고 뚜껑을 열지 않는다.

<u>4~5일째</u> 알코올 냄새가 강하게 나며 기포는 많이 줄어든다.

4 액체 거르기 완성된 발효종을 체에 부어 바나나는 거르고 액체만 다시 발효시켰던 병에 담는다.

5 액종 보관하기 액종은 바로 사용할 수 있으며, 냉장고에 보관하면 2주까지 두고 쓸 수 있다.

1~2일째 3일째 4~5일째

오렌지종

비타민의 보고라고 할 만큼 비타민C가 풍부한 오렌지는 껍질을 벗기지 않고 사용하므로 유기농으로 준비하는 것이 좋다.

+ **준비물** 오렌지 100g | 물 250g | 설탕 20g | 살균한 500mL 유리병

+ **만드는 법**

1 병에 재료 담기 오렌지는 껍질째 적당한 크기로 잘라 병에 담고 물과 설탕을 넣어 잘 섞은 후 뚜껑을 닫는다.

2 온도 유지하기 재료를 담은 병을 직사광선을 피해 24~27℃ 정도의 실온에 두고, 발효가 끝날 때까지 온도를 일정하게 유지한다.

3 발효시키기

   <u>1~2일째</u> 하루에 두 번 오렌지종을 병째 흔들어 섞어주면서 오렌지 표면이 마르는 것을 방지한다.
   <u>3~5일째</u> 발효종이 탁해지면서 알코올 향과 기포가 활발하게 나오고 하얀 침전물이 생긴다.

4 액체 거르기 완성된 발효종을 체에 부어 오렌지는 거르고 액체만 다시 발효시켰던 병에 담는다.

5 액종 보관하기 액종은 바로 사용할 수 있으며, 냉장고에 보관하면 2주까지 두고 쓸 수 있다.

토마토종

토마토로 발효종을 만드는 것은 생소해 보이지만 발효가 잘되는 편에 속한다. 일반 토마토보다는 방울 토마토가 발효가 잘된다. 집에서 직접 재배한 유기농 방울토마토를 이용해서 발효종을 만들어 보자. 토마토는 산은 충분하지만 당이 거의 없어 설탕을 추가로 넣어야 한다.

+ **준비물** 토마토 100g | 물 250g | 설탕 30g | 살균한 500mL 유리병

+ **만드는 법**

1 병에 재료 담기 토마토는 잘게 썰어 병에 담고 물과 설탕을 넣어 잘 섞은 후 뚜껑을 닫는다.

2 온도 유지하기 재료를 담은 병을 직사광선을 피해 24~27℃ 정도의 실온에 두고, 발효가 끝날 때까지 온도를 일정하게 유지한다.

3 발효시키기

<u>1~2일째</u> 하루에 두 번 토마토종을 병째 흔들어 섞어주면서 토마토 표면이 마르는 것을 방지한다. 물이 약간 노랗게 변하고 표면에 약간의 기포가 생긴다.

<u>3일째</u> 토마토가 모두 물 위쪽으로 떠오르고 표면에 기포가 조금 더 많아진다. 이때부터는 재료 섞는 일을 멈추고 뚜껑을 열지 않는다.

<u>4~5일째</u> 발효종이 탁해지면서 알코올 향과 기포가 활발하게 나오고 하얀 침전물이 생긴다.

4 액체 거르기 완성된 발효종을 체에 부어 토마토는 거르고 액체만 다시 발효시켰던 병에 담는다.

5 액종 보관하기 액종은 바로 사용할 수 있으며, 냉장고에 보관하면 2주까지 두고 쓸 수 있다.

1~2일째   3일째   4~5일째

포도종

잘 익은 포도 한 알에 약 1억 마리 이상의 효모균이 붙어있다. 포도는 그만큼 다른 과일보다 발효가 빠르고 왕성하게 잘 일어난다. 포도가 제철일 때 포도로 발효종을 만들면 색도 예쁘지만 보다 손쉽게 발효종 빵을 즐길 수 있다.

+ 준비물 유기농 포도 100g | 물 250g | 설탕 20g | 살균한 500mL 유리병

+ 만드는 법

1 병에 재료 담기 살짝 으깬 포도를 병에 담고 물과 설탕을 넣어 잘 섞은 후 뚜껑을 닫는다.

2 온도 유지하기 재료를 담은 병을 직사광선을 피해 24~27℃ 정도의 실온에 두고, 발효가 끝날 때까지 온도를 일정하게 유지한다.

3 재료 섞기 하루에 두 번씩 포도종을 병째 흔들어 포도표면이 마르는 것을 방지한다.

4 발효시키기

<u>1~2일째</u> 포도껍질이 갈라지고 거품이 조금씩 생겨난다. 물도 조금 흐려진다.

<u>3일째</u> 물은 약간 붉어지고 포도주 향이 나며 포도가 위로 떠오르기 시작한다. 이때부터는 재료 섞는 일을 멈추고 뚜껑을 열지 않는다.

<u>4~5일째</u> 물이 아주 붉은 색으로 변하고 바닥에 하얀 침전물이 생기며 거품이 표면에 가득해진다.

5 액체 거르기 완성된 발효종을 체에 부어 포도는 거르고 액체만 다시 발효시켰던 병에 담는다.

6 액종 보관하기 액종은 바로 사용할 수 있으며, 냉장고에 보관하면 일주일까지 두고 쓸 수 있다.

1~2일째　　　3~5일째　　　3~5일째

PART 4

반죽 온도와 공정

01 반죽 온도
Dough Temperature

반죽 온도를 정확하게 조정하는 능력은 좋은 빵을 만들기 위한 필수 요건이다. 반죽에 적합한 실내 온도는 23~27℃ 이내. 실내 온도가 높으면 아무리 얼음을 많이 써도 온도조절이 어렵고, 실내 온도 가 낮으면 아무리 따뜻한 물을 써도 온도조절이 어렵다. 다음은 목표 온도를 맞추기 위한 반죽 온도 구하는 공식이다. 이와 같은 공식으로 온도를 구하더라도 다른 변수에 따라 차이가 날 수 있으므로 실제로 온도를 계속 확인하면서 작업하도록 한다.

- 실내 온도 : 작업실 내부 온도
- 수돗물 온도 : 반죽에 사용할 물의 온도
- 마찰 계수 : 반죽기 내에서의 마찰력에 의해 상승한 온도
- 결과 온도 : 반죽이 종료된 후의 반죽 온도
- 희망 온도 : 반죽 후의 원하는 결과 온도

1) 마찰 계수 = 결과 온도 x 3 - (밀가루 온도 + 실내 온도 + 수돗물 온도)

2) 사용할 물 온도 = 희망온도 x 3 - (밀가루 온도 + 실내 온도 + 마찰 계수)

3) 얼음 사용량 = {사용할 물의 양 x (수돗물 온도 - 사용할 물 온도)} / (80 + 수돗물 온도)

- 숫자 3은 온도에 영향을 주는 변수의 종류다. 만일 영향을 주는 요소에 다른 것을 추가한다면 곱해주는 숫자도 바꾸어야 한다.

예시

<u>밀가루 온도 22℃, 실내 온도 25℃, 수돗물 온도 20℃, 결과 온도28℃, 희망 온도 27℃, 사용할 물의 양은 1kg 일 때</u>

1) 마찰 계수 = 28 x 3 - (22 + 25 + 20) = 17℃

2) 사용할 물 온도 = 27 x 3 - (22 + 25 + 17) = 17℃

3) 얼음 사용량 = {1000 x (20 - 17)} / (80 + 20) = 30g

전체 사용할 물의 양 1,000중에 수돗물 970g, 얼음 30g을 사용하면 된다.

02 반죽 공정

Dough Process

믹서를 이용한 반죽법

믹서를 이용해서 반죽하는 방법을 배워본다. 믹서의 형태와 속도에 따라 반죽에 소요되는 시간이 달라지므로 반죽이 어떻게 변하는지 살펴보는 것이 중요하다.

1 실내 온도를 맞추고 원하는 반죽 온도의 물을 준비한다.
2 믹서에 버터와 기타 충전물(견과류)을 제외한 모든 재료를 넣는다.
3 믹서기에 볼과 훅을 장착하고 저속으로 반죽한다.

Step 1

픽업(Pick-up) 단계

픽업 단계는 제빵에서 가루가 물기를 흡수한다는 의미로 밀가루와 수분이 섞여 반죽 덩어리가 되는 단계이다. 한 덩어리지만 아직 균일하게 섞이지는 않고, 글루텐도 생기지 않은 상태다. 반죽을 잡아당기면 뚝 끊기는 상태로 반죽 표면도 끈적끈적하다.

Step 2

클린업(Clean-up) 단계

클린업이란 반죽의 표면에 뜬 상태로 붙어 있던 물 분자가 반죽에 흡수되어 사라지는 것을 뜻한다. 반죽이 한 덩어리로 뭉쳐지고 수화가 시작되는 단계로 글루텐이 만들어지기 시작해·거칠던 반죽이 매끄러워진다. 반죽을 당겨보면 글루텐이 느껴지며 대부분 이 시점에 버터를 넣는다.

1. 버터를 처음부터 넣는 경우도 있지만, 버터는 글루텐 결합을 방해하기 때문에 클린업 단계에서 넣는 것이 좋다.

2. 호두나 건포도와 같은 충전물은 처음부터 넣게 되면 내용물이 짓이겨지고 반죽도 찢어지므로 반죽이 완료된 후에 넣어 손으로 섞어주는 것이 좋다.

3. 소금은 글루텐 결합을 방해하기 때문에 반죽 시간 단축을 위해 소금을 나중에 넣는 것을 후염법이라 하는데, 이 책에서는 소금을 처음부터 넣는다.

4. 여름에는 밀가루와 재료를 미리 냉장·냉동 보관해 온도를 내린다.

Step 3

발전(Development) 단계

발전 단계는 반죽의 완성을 뜻한다.

초기 발전단계 반죽의 글루텐이 발전되는 단계. 반죽을 당겨보면 막이 생긴 걸 확인할 수 있다.

중기 발전단계 글루텐이 최대로 만들어지는 단계. 이 시점에서 부하가 가장 많이 걸린다. 반죽을 당겨보면 탄력이 강하고 두꺼운 막이 형성되어 끝으로 가면 찢어진다.

후기 발전단계 뻣뻣했던 반죽이 부드러워지며 신장성이 생기는 단계. 반죽을 당겼을 때 얇게 늘어나고 손가락을 비춰봤을 때 반투명 정도로 지문이 보이기 시작한다.

최종단계 반죽의 탄력성과 신장성이 최대인 단계. 반죽이 부드럽고 점탄성이 높다. 이전 단계보다 반죽이 더욱 얇게 늘어나고 지문도 뚜렷하게 보인다.

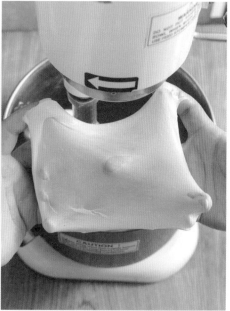

접기를 이용한 반죽법

집에 믹서가 없어도 볼과 주걱만 있으면 빵을 만들 수 있다. 접기라는 방법을 사용하면 효과적으로 시간을 단축하면서도 부드러운 빵을 만들 수 있다. 접기 방법은 무반죽법 다음으로 오래된 방법으로 제빵사들이 밀가루 상태가 좋지 못하거나 믹서가 없었을 때 이 방법으로 빵을 만들어왔다.

물과 밀가루를 주걱으로 섞은 다음 그대로 두면 수화 과정을 거치는데 중간에 반죽을 당겨 접기를 반복하면 물리적인 힘으로 글루텐 생성이 빨라진다. 보통 빵처럼 크기가 크진 않지만 자연적으로 글루텐이 생성돼 집에서도 쉽게 만들고, 감촉이 부드러워 소화도 더 잘 된다.

+ 준비물 (11개 분량)

강력분 250g | 물 60g | 우유 70g | 달걀 50g | 드라이이스트 3g | 설탕 35g | 소금 5g | 연유 12g | 녹인 버터 30g

+ STEP

| 액체 재료 섞기 | ⋯▶ | 이스트 물에 풀기 | ⋯▶ | 설탕, 소금 넣어 녹이기 | ⋯▶ |

| 녹인 유지 넣기 | ⋯▶ | 가루 재료 섞기 | ⋯▶ | 접기-휴지 반복하기 | ⋯▶ |

| 1차 발효 | ⋯▶ | 분할 및 중간 발효 | ⋯▶ | 모양 내기 및 굽기 |

Step 1

액체 재료 섞기

1 우유와 물을 저울에 잰다.

2 우유물에 달걀을 넣고 주걱으로 잘 풀어준다.

우유와 달걀은 어떤 기능을 하나?
우유와 달걀은 생략할 수 있다. 우유는 반죽을 부드럽게 하고, 풍미를 좋게 하며, 구웠을 때 색이 잘 나게 한다. 우유 대신 두유나 아몬드밀크를 사용해도 좋다. 달걀은 빵을 부드럽게 하고 맛을 좋게 한다. 반죽에 달걀을 안 넣으면 빵이 빨리 굳기 때문에 빨리 먹어야 한다.

색을 내기 위해 첨가하는 재료는 언제 넣어야 하나?
색을 내기 위해 단호박 페이스트나 채소즙을 넣을 때는 이 단계에서 넣고 충분히 섞는다.

Step 2

이스트 물에 풀기

3 달걀이 우유와 잘 섞이면 드라이이스트를 넣고 1분간 그대로 둔다. 바로 섞으면 이스트가 잘 섞이지 않고 덩어리진다.

4 이스트가 물에 풀어져서 가라앉기 시작하면 주걱으로 서서히 섞으면서 잘 푼다.

 Step 3

설탕, 소금 넣어 녹이기

5 이스트가 완전히 풀어지면 설탕과 소금을 넣고 주걱으로 저어 녹인다.

묵은 반죽은 무엇이고 묵은 반죽을 넣는 이유는?

빵의 풍미를 좋게 하고 발효를 돕기 위해 묵은 반죽을 넣기도 한다. 묵은 반죽을 넣을 때는 반드시 이 단계에서 넣는다. 이스트를 섞으면서 묵은 반죽을 넣어 다 녹도록 충분히 저어준다. 만약 소금을 넣은 다음 묵은 반죽을 넣으면 소금이 글루텐을 응고시켜 잘 풀어지지 않게 된다. 묵은 반죽량은 밀가루 대비 5~15%가 적당하다.

Step 4

녹인 유지 넣기

6 버터를 중탕으로 완전히 녹인다.

7 액체 재료에 녹인 버터를 넣어 주걱으로 골고루 섞는다. 버터가 너무 뜨거우면 반죽 온도가 많이 올라가 발효가 제대로 이루어지지 않기 때문에 40℃정도가 적당하다.

버터를 왜 미리 섞을까?
버터가 많이 들어간 레시피는 보통 버터를 맨 마지막에 넣는다. 버터와 기름 성분이 글루텐 생성을 방해하므로 반죽에 글루텐이 어느 정도 생긴 다음에 넣는 것이다. 하지만 여기서는 녹인 버터를 밀가루보다 먼저 넣었다. 글루텐 형성이 늦어지지만, 반죽 섞는 시간이 줄어들어 효과적이다. 단, 달콤한 빵은 버터가 많이 들어가기 때문에 반죽에 탄력이 생길 때까지 충분히 저어주어야 한다.

버터 대신 식물성기름을 넣어도 될까?
버터 대신 식물성 기름으로 대체해서 넣어도 좋다. 단, 기름을 넣을 때에는 설탕이나 소금 등 밀가루를 제외한 재료를 모두 섞은 후 마지막에 넣어야 한다.

가루 재료 섞기

8 녹인 버터가 골고루 퍼지면, 밀가루를 넣고 주걱으로 섞는다. 볼을 돌려가며 주걱으로 볼 바닥부터 끌어올리듯 섞는 과정을 반복해 밀가루가 보이지 않을 때까지 계속 섞는다.

버터를 섞을 때 노하우가 있나?
녹인 버터를 섞은 뒤에는 바로 가루 재료를 넣어 신속하게 섞는다. 특히 겨울에는 기름이 빨리 굳기 때문에 버터를 녹이는 온도도 45℃정도로 한다. 버터가 굳어 한쪽으로 뭉쳐 잘 섞이지 않으면 손으로 충분히 주물러 골고루 섞는다.

Step 6

접기-휴지 반복하기

9 반죽에 밀가루가 보이지 않을 정도로 잘 섞이면 랩을 씌워 실온에 15분간 둔다. 18~27℃까지는 실온에 그대로 두고 온도가 더 높으면 냉장고에, 더 낮으면 약간 따뜻한 곳에 두어 휴지시킨다. 휴지가 끝난 반죽은 윤기가 돌고 잘 늘어난다.

10 휴지가 끝나면 랩을 벗기고 손으로 반죽을 당기면서 90°로 돌려가며 접는다. 이 같은 접기 과정을 8회 반복한다. 접기가 끝나면 반죽이 탱탱해지고 매끄러워진다.

11 접기를 마치면 랩을 씌워 실온에 15분 두었다가 다시 10의 과정을 반복하고 다시 15분 휴지시킨다. 저온숙성할 때는 접기-휴지 과정을 4번 반복하고, 바로 사용할 때는 5~6번 반복한다.

반죽을 쉽게 접는 방법은?
반죽을 접기 전에 손에 물을 살짝 묻히면 손에 달라붙지 않고 깔끔하게 작업할 수 있다.

접기와 발효는 어떤 관계가 있을까?
접는 동안에는 최대한 발효가 일어나지 않는 것이 좋다. 접기에서 발효가 많이 되면 1차 발효를 거치면서 과발효되어 모양이 잘 나오지 않는다. 온도가 높으면 이스트 양을 줄이거나 냉장고에 넣어 휴지시킨 다음 접는다.

1차 발효

12 완성된 반죽은 매끄럽고 탄력이 생긴다. 반죽이 마르지 않도록 랩을 씌워 25~27℃의 온도에서 30~60분간 발효시킨다. 반죽이 원래 크기의 2배가 되면 발효를 마친다.

반죽은 어느 정도까지 부풀려야 하나?
기계로는 반죽을 3배까지 부풀리기도 하지만 이 책에서는 접기를 하면서도 발효가 진행되므로 일반적인 경우보다 덜 부풀려도 된다. 살짝 덜 부풀었다는 느낌까지 발효시키는 것이 좋다. 손가락에 밀가루를 묻혀 반죽에 가볍게 구멍을 냈을 때 구멍이 빠르게 작아지거나 구멍 아래가 급하게 솟아오르면 발효 부족, 구멍이 그대로 있거나 탄력 있게 살짝만 줄어들면 발효 적정, 구멍이 넓어지면 과발효된 것이다.

발효 전

발효 후

Step 8

분할 및 중간 발효

14 발효된 반죽에 밀가루를 살짝 뿌려 주걱으로 옆면을 조심스럽게 긁어낸 다음 뒤집어 반죽을 꺼낸다.

15 반죽을 각 레시피의 무게에 맞게 저울에 달아 나눈 다음 둥글린다. 둥글리기할 때에는 손을 모아 반죽을 감싼 다음 반죽을 밀어 아래쪽으로 넣는다는 느낌으로 손바닥과 꾹 닿은 상태에서 둥글린다.

16 둥글리기를 한 반죽을 오븐 팬에 나란히 올려 비닐을 덮고 실온에서 15~20분간 중간 발효시킨다.

Step 9

모양 내기 및 굽기

17 중간 발효가 끝난 반죽은 각각의 레시피대로 모양을 내서 따뜻한 곳(30~35℃)에 40~50 분 두어 반죽이 2.5 배로 부풀 때까지 2차 발효시킨다. 철판을 살짝 흔들어 반죽이 흔들리면 발효된 것이다.

18 발효된 반죽을 미리 200℃로 예열한 오븐에 넣고 190℃로 낮춰 12~15분간 굽는다.

손반죽법

반죽기가 없을 때 가장 손쉬운 방법은 접기를 이용한 반죽법이다. 그렇지만 접는 방법으로는 다양한 빵을 만들기엔 한계가 있다. 좀 더 본격적인 빵을 만들기 위해서는 손으로 글루텐을 발전시키는 손반죽법을 추천한다.

손으로 반죽하는 건 힘들고 고된 일이지만 이렇게 고생해서 빵을 굽고 난 다음에는 빵과 내가 하나가 된 것 같아 정말 뿌듯하다. 반죽기가 있더라도 직접 반죽의 변화 과정을 손으로 느끼면서 배울 수 있는 손반죽을 한 번쯤 도전하길 바란다.

1 볼에 밀가루, 설탕, 소금 등 건재료를 넣는다.

2 가운데를 우묵하게 판다.

3 여기에 드라이이스트를 녹인 물을 붓고 거품기로 섞는다.

4 한 덩어리로 뭉쳐질 때까지 섞어 반죽을 만든다.

5 손바닥으로 반죽에 타원을 그리며 문지르듯이 비빈다. 작업대에 계속 치대서 모든 재료가 매끄럽게 섞이게 한다.

6 문지른 반죽이 너무 넓게 퍼졌으면 스크레이퍼로 긁어모아 정리한다. 반죽을 다시 하나로 뭉치고 다시 문지르듯 비빈다.

7 반죽이 균일해지고 매끄럽게 되면서 찰기가 생기고 손에 힘이 많이 들어간다.

8 반죽을 계속 문지르면 어느 순간 반죽에 탄력이 생기면서 작업대에서 떨어진다. 그때 스크레이퍼로 반죽을 긁어모아 한 덩어리로 만들고 들어 올린다.

9 반죽을 들어 올려 작업대에 내려치고 몸쪽으로 가볍게 끌어당겼다가 바깥쪽으로 돌린다.

10 반죽을 잡는 손을 90도 회전해 반죽 방향을 바꾼다.

11 반죽을 들어 내려치고 접고 내려치고를 반복해 반죽이 매끄럽고 손에 달라붙지 않게 됐을 때 버터를 넣고 스며들도록 비빈다.

12 버터가 잘 스며들어 더 이상 보이지 않으면 스크레이퍼로 반죽을 모아 하나로 만든 뒤 치대는 작업을 반복한다.

13 반죽을 손으로 들어 작업대에 강하게 내려치고 몸쪽으로 반죽을 살짝 끌어당겼다가 위쪽으로 반을 접는다.

14 반죽 옆부분을 잡아 90도로 반죽 방향을 바꿔 들어 올려 강하게 내려치는 작업을 200~300번 반복한다.

15 반죽을 치대다가 반죽이 탄력이 강해져 잘 늘어나지 않고 팔이 너무 힘들면 반죽 위에 볼을 덮어 5분간 휴식하고 다시 반복한다.

16 반죽을 늘였을 때 반죽이 얇게 펴지고 반죽 사이로 지문이 선명하게 보이면 완성이다.

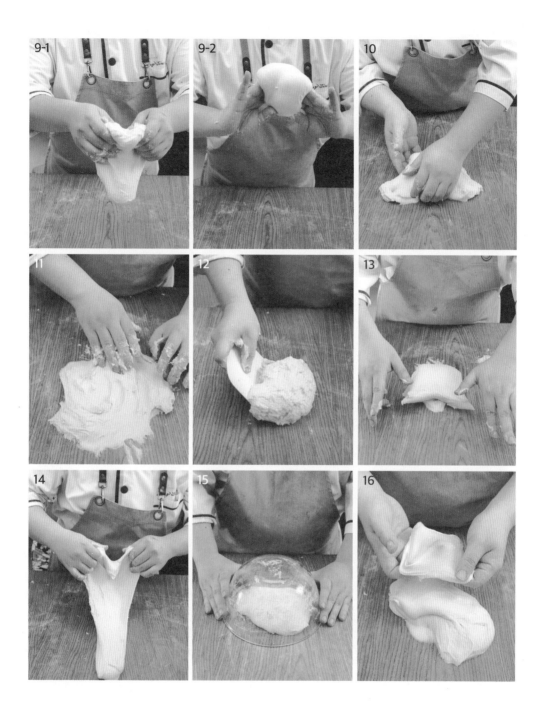

베이커스 퍼센트 계산법

베이커스 퍼센트는 일반적인 개량법과 달리 밀가루의 양을 100%로 하고 나머지 재료를 밀가루에 대한 비율로 나타내는 방법이다. 따라서 각 재료의 합계는 100%를 넘어야 정상이다. 배합할 때 밀가루 양이 가장 많아 기준으로 삼기에 적합하기 때문에 이 방법을 쓰게 되었다. 또한 밀가루를 기준으로 모든 재료를 퍼센트로 나타내면 반죽의 양이 적든 많든 간단한 곱셈만으로 구할 수 있다.

[공식]
베이커스 퍼센트 = 재료의 무게 / 밀가루 무게 × 100

본반죽	%	g
강력분		350
설탕		24.5
소금		6.3
분유		10.5
세미 드라이이스트		4.2
물		217
버터		31.5

※ 다음 레시피의 베이커스 퍼센트를 구하시오.

설탕 24.5 / 350 × 100 = 7%

소금 6.3 / 350 × 100 = 1.8%

본반죽	%	g
강력분	100	350
설탕	7	24.5
소금	1.8	6.3
분유	3	10.5
세미 드라이이스트	1.2	4.2
물	62	217
버터	9	31.5

Baking

Recipe

CHAPTER 2

베이킹 레시피

PART 1

건강 빵

빵 드 깜빠뉴

프랑스어로 '시골빵'이라는 뜻인 빵 드 깜빠뉴는 크기가 크고 겉에 밀가루가 묻은 것이 특징이다. 프랑스 시골에서는 신선한 빵을 매일 살 수 없어 깜빠뉴를 큼직하게 구워 조금씩 잘라서 팔았다고 한다.

재료 (약 3개)

	B/P(%)	중량(g)
본반죽		
T65 트레디션 밀가루	70	350
강력분	20	100
통밀가루 (거친 것)	10	50
물	67	335
세미 드라이이스트	0.4	2
발효종	20	100
소금	2	10

• B/P는 베이커스 퍼센트 (84쪽 참조)

주요 공정

오토리즈	저속 3분 (실온 20분)
본반죽	저속 2분 ⋯▸ 소금 투입 ⋯▸ 저속 5분 ⋯▸ 중속 3분 (반죽 온도 23℃)
1차 발효	26℃ 75% 20분 ⋯▸ 접기 ⋯▸ 4℃ 냉장고 18시간
분할	300g
중간 발효	40분 (반죽 온도 16℃)
성형	타원형
2차 발효	26℃ 70% 50분
굽기	윗불 250℃ 아랫불 240℃ 22분 스팀 4초 (가정용 오븐 240℃ 25분)

오토리즈 ———————————— **본반죽** ————————————

1 믹싱볼에 T65, 강력분, 통밀가루
와 물을 넣고 저속에서 3분간 반
죽한 뒤 비닐로 감싸서 20분간
실온에 둔다.

2 믹싱볼에 ①, 발효종, 이스트를 넣고 저속에서 2분간 반죽한다. 반죽이
한 덩어리가 되면 소금을 넣고 저속으로 5분간 반죽한 뒤 속도를 올려
중속에서 3분간 반죽한다. 반죽 온도는 23℃이다.

1차 발효 ————————————

  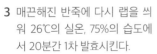

3 매끈해진 반죽에 다시 랩을 씌
워 26℃의 실온, 75%의 습도에
서 20분간 1차 발효시킨다.

4 아래에서 위로 반죽을 가볍게 접고 반죽통을 90°로 돌려가며 4번 접고
다시 비닐로 덮어 냉장고에서 18시간 발효한다.

분할 ─────────────────────

중간 발효 ─────────────────

5 발효된 반죽 위에 덧가루를 살짝 뿌리고 반죽을 스크레이퍼로 조심스럽게 잘라 저울에 300g씩 달아 나눈다.

6 ⑤의 매끄러운 부분이 아래로 가도록 해 타원형으로 모양을 잡는다.

7 ⑥을 비닐로 덮어 40분간 실온에 둔다. 반죽이 느슨해지고 반죽 온도가 16℃ 이상이 되면 모양을 낸다.

성형 ─────────────────────

2차 발효 ─────────────────

굽기 ─────────────────

8 중간 발효가 끝난 반죽을 밀가루 뿌린 작업대에 놓고, 이음매를 잘 봉한 후 양손으로 굴려 타원형으로 모양을 만든다.

9 캔버스천 위에 26℃의 실온, 70%의 습도에서 50분간 발효하고 세로로 칼집을 낸다.

10 윗불 250℃ 아랫불 240℃로 예열한 오븐에 넣고 스팀 4초간 분사한 뒤 22분간 굽는다.
가정용 오븐의 경우 돌판을 넣고 250℃에서 1시간 예열 후 반죽을 넣고 뜨거운 물 100mL를 돌에 부어 스팀을 낸 다음 240℃에서 25분 굽는다.

호두 깜빠뉴

WALNUT CAMPAGNE

담백한 깜빠뉴에 호두가 듬뿍 들어있어 씹을수록 고소한 맛이 나는 빵이다. 호두는 쓴맛을 줄이고 고소한 맛을 높이기 위해 오븐에 살짝 구워 사용한다. 물 대신 둥글레차를 사용해서 빵의 구수한 맛을 더했다.

재료 (약 3개)	B/P(%)	중량(g)
본반죽		
T65 트레디션 밀가루	70	350
강력분	20	100
통밀가루 (거친 것)	10	50
둥글레차	67	335
세미 드라이이스트	0.4	2
발효종	20	100
소금	2	10
호두	25	125

주요 공정

오토리즈	저속 3분 (실온 20분)
본반죽	저속 2분 ⋯ 소금 투입 ⋯ 저속 5분 ⋯ 중속 3분 (반죽 온도 23℃)
1차 발효	26℃ 75% 20분 ⋯ 접기 ⋯ 4℃ 냉장고 18시간
분할	300g
중간 발효	40분 (반죽 온도 16℃)
성형	타원형
2차 발효	26℃ 70% 50분
굽기	윗불 250℃ 아랫불 240℃ 22분 스팀 4초 (가정용 오븐 240℃ 25분)

 Chef's Tip

둥글레차는 물 1리터에 둥글레 10g을 넣고 끓여 식힌 것을 사용한다.

오토리즈 ——————— 본반죽 ———————

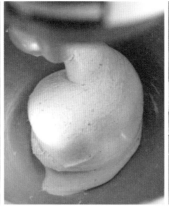

1 믹싱볼에 T65, 강력분, 통밀가루와 둥글레차를 넣고 저속에서 3분간 반죽한 뒤 비닐로 감싸서 20분간 실온에 둔다.

2 믹싱볼에 ①, 발효종, 이스트를 넣고 저속에서 2분간 반죽한다. 반죽이 한 덩어리가 되면 소금을 넣고 저속으로 5분간 반죽한 뒤 속도를 올려 중속에서 3분간 반죽한다.

3 반죽에 호두 슬라이스를 올려 스크레이퍼로 반죽을 잘라 올리며 골고루 섞는다.

1차 발효 ———————————————————— 분할 —————

4 매끈해진 반죽에 다시 랩을 씌워 26℃의 실온, 75%의 습도에서 20분간 1차 발효시킨다.

5 아래에서 위로 반죽을 가볍게 접고 반죽통을 90°로 돌려가며 4번 접고 다시 비닐로 덮어 냉장고에서 18시간 발효한다.

6 발효된 반죽 위에 덧가루를 살짝 뿌리고 반죽을 스크레이퍼로 조심스럽게 잘라 저울에 300g씩 달아 나눈다.

── 중간 발효 ──   ── 성형 ──

7 ⑥의 매끄러운 부분이 아래로 가
도록 해 타원형으로 모양을 잡
는다.

8 ⑦을 비닐로 덮어 40분간 실온
에 둔다. 반죽이 느슨해지고 반
죽 온도가 16℃ 이상이 되면 모
양을 낸다.

9 중간 발효가 끝난 반죽을 밀가
루 뿌린 작업대에 놓고, 이음매
를 잘 봉한 후 양손으로 굴려 타
원형으로 모양을 만든다.

2차 발효 ──────────   ── **굽기** ──

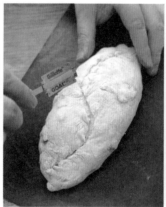

10 캔버스천 위에 담은 반죽을 26℃의 실온, 70%의 습도에서 50분간 발
효한 후 반죽에 세로로 물결 무늬 칼집을 낸다.

11 윗불 250℃ 아랫불 240℃로 예
열한 오븐에 넣고 스팀을 4초간
분사한 뒤 22분간 굽는다.
가정용 오븐의 경우 돌판을 넣고
250℃에서 1시간 예열 후 반죽을 넣
고 뜨거운 물 100mL를 돌에 부어
스팀을 낸 다음 240℃에서 25분 굽
는다.

호두크랜베리 깜빠뉴

Level ●●●●

WALNUT CRANBERRY CAMPAGNE

호두와 크랜베리는 건강 빵에서 빼놓을 수 없는 짝꿍이다. 거친 통밀빵에 넣으면 고소하고 단맛이 나서 집에서
처음 건강 빵을 만들 때 추천한다.

재료 (약 3개)	B/P(%)	중량(g)
본반죽		
T65 트레디션 밀가루	70	350
강력분	20	100
통밀가루 (거친 것)	10	50
물	67	335
세미 드라이이스트	0.4	2
발효종	20	100
소금	2	10
호두	16	80
크랜베리	24	120

주요 공정	
오토리즈	저속 3분 (실온 20분)
본반죽	저속 2분 ⋯ 소금 투입 ⋯ 저속 5분 ⋯ 중속 3분 (반죽 온도 23℃)
1차 발효	26℃ 75% 20분 ⋯ 접기 ⋯ 4℃ 냉장고 18시간
분할	300g
중간 발효	40분 (반죽온도 16℃)
성형	타원형
2차 발효	26℃ 70% 60분
굽기	윗불 250℃ 아랫불 240℃ 22분 스팀 4초 (가정용 오븐 240℃ 25분)

Chef's Tip

크렌베리는 럼이나 미지근한 물을 자작하게 붓고 냉장고에 하루
정도 두어 불렸다가 사용한다.

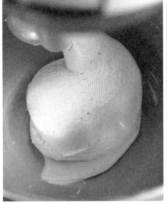

1 믹싱볼에 T65, 강력분, 통밀가루와 물을 넣고 저속에서 3분간 반죽한 뒤 비닐로 감싸서 20분간 실온에 둔다.

2 믹싱볼에 ①, 발효종, 이스트를 넣고 저속에서 2분간 반죽한다. 반죽이 한 덩어리가 되면 소금을 넣고 저속으로 5분간 반죽한 뒤 속도를 올려 중속에서 3분간 반죽한다.

3 반죽에 호두와 크랜베리 슬라이스를 올려 스크레이퍼로 반죽을 잘라 올리며 골고루 섞는다.

4 매끈해진 반죽에 다시 랩을 씌워 26℃의 실온, 75%의 습도에서 20분간 1차 발효시킨다.

5 아래에서 위로 반죽을 가볍게 접고 반죽통을 90°로 돌려가며 4번 접고 다시 비닐로 덮어 냉장고에서 18시간 발효한다.

6 발효된 반죽 위에 덧가루를 살짝 뿌리고 반죽을 스크레이퍼로 조심스럽게 잘라 저울에 300g씩 달아 나눈다.

중간 발효 ──────── 성형 ──────

7 ⑥의 매끄러운 부분이 아래로 가도록 해 타원형으로 모양을 잡는다.

8 ⑦을 비닐로 덮어 40분간 실온에 둔다. 반죽이 느슨해지고 반죽 온도가 16℃ 이상이 되면 모양을 낸다.

9 중간 발효가 끝난 반죽을 밀가루 뿌린 작업대에 놓고, 이음매를 잘 봉한 후 양손으로 굴려 타원형으로 모양을 만든다.

2차 발효 ──────────────────── 굽기 ──────

10 캔버스천 위에 담은 반죽을 26℃의 실온, 70%의 습도에서 60분간 발효한 뒤, 반죽에 세로로 칼집을 낸다.

11 윗불 250℃ 아랫불 240℃로 예열한 오븐에 넣고 스팀을 4초간 분사한 뒤 22분간 굽는다.
가정용 오븐의 경우 돌판을 넣고 250℃에서 1시간 예열 후 반죽을 넣고 뜨거운 물 100mL를 돌에 부어 스팀을 낸 다음 240℃에서 25분 굽는다.

올리브치즈 깜빠뉴

OLIVECHEESE CAMPAGNE

한국에서는 다양한 충전물을 넣어 만드는 깜빠뉴가 많다. 올리브치즈 깜빠뉴는 대중들에게 건강 빵을 거부감 없이 친숙하게 해준 빵이다.

재료 (약 3개)

	B/P(%)	중량(g)
본반죽		
T65 트레디션 밀가루	70	350
강력분	20	100
통밀가루 (거친 것)	10	50
물	67	335
세미 드라이이스트	0.4	2
발효종	20	100
소금	2	10
블랙올리브 슬라이스	20	100
체더치즈	10	50
모차렐라치즈	8	40
드라이 로즈마리	0.2	1

주요 공정

오토리즈	저속 3분 (실온 20분)
본반죽	저속 2분 ⋯▸ 소금 투입 ⋯▸ 저속 5분 ⋯▸ 중속 3분 (반죽 온도 23℃)
1차 발효	26℃ 75% 20분 ⋯▸ 접기 ⋯▸ 4℃ 냉장고 18시간
분할	300g
중간 발효	40분 (반죽 온도 16℃)
성형	타원형
2차 발효	26℃ 70% 50분
굽기	윗불 250℃ 아랫불 240℃ 22분 스팀 4초 (가정용 오븐 240℃ 25분)

Chef's Tip

반죽을 모양낼 때 치즈나 올리브는 최대한 밖으로 노출되지 않게 주의한다. 내용물이 밖으로 노출되면 구울 때 탈 수 있다.

오토리즈 ——————— **본반죽** ———————

1 믹싱볼에 T65, 강력분, 통밀가루
와 물을 넣고 저속에서 3분간 반
죽한 뒤 비닐로 감싸서 20분간
실온에 둔다.

2 믹싱볼에 ①, 발효종, 이스트를
넣고 저속에서 2분간 반죽한다.
반죽이 한 덩어리가 되면 소금
을 넣고 저속으로 5분간 반죽한
뒤 속도를 올려 중속에서 3분간
반죽한다.

3 반죽에 올리브, 체더치즈, 모차
렐라치즈, 로즈마리를 올려 스크
레이퍼로 반죽을 잘라 올려가며
골고루 섞는다.

1차 발효 ——————————————————————— **분할** ———————

4 매끈해진 반죽에 다시 랩을 씌
워 26℃의 실온, 75%의 습도에
서 20분간 1차 발효시킨다.

5 아래에서 위로 반죽을 가볍게
접고 반죽통을 90°로 돌려가며
4번 접고 다시 비닐로 덮어 냉장
고에서 18시간 발효한다.

6 발효된 반죽 위에 덧가루를 살짝
뿌리고 반죽을 스크레이퍼로 조
심스럽게 잘라 저울에 300g씩
달아 나눈다.

7 ⑥의 매끄러운 부분이 아래로 가도록 해 타원형으로 모양을 잡는다.

8 ⑦을 비닐로 덮어 40분간 실온에 둔다. 반죽이 느슨해지고 반죽 온도가 16℃ 이상이 되면 모양을 낸다.

9 중간 발효가 끝난 반죽을 밀가루 뿌린 작업대에 놓고, 이음매를 잘 봉한 후 양손으로 굴려 타원형으로 모양을 만든다.

10 캔버스천 위에 담은 반죽을 26℃의 실온, 70%의 습도에서 50분간 발효한 후. 반죽에 세로로 칼집을 낸다.

11 윗불 250℃ 아랫불 240℃로 예열한 오븐에 넣고 스팀을 4초간 분사한 뒤 22분간 굽는다.

가정용 오븐의 경우 돌판을 넣고 250℃에서 1시간 예열 후 반죽을 넣고 뜨거운 물 100mL를 돌에 부어 스팀을 낸 다음 240℃에서 25분 굽는다.

우리밀 바게트

BAGUETTE

Level ●●●●

프랑스 전통 빵인 바게트는 밀가루, 소금, 이스트, 물 4가지 재료로만 맛을 내는 난이도가 높은 빵이다. 우리밀 은 다루기 어렵지만 다른 밀에서는 느낄 수 없는 구수함이 있다. 우리밀에 막걸리를 넣어 발효시킨 한국적인 바게트 레시피를 소개한다.

재료 (약 3개)	B/P(%)	중량(g)
풀리시		
우리밀 (금강밀)	35	175
물	25	125
생막걸리	10	50
본반죽		
우리밀	60	300
고운 통밀가루	5	25
소금	1.8	9
세미 드라이이스트	0.2	1
물	30	150
발효종	18	90

주요 공정

풀리시	25℃ 실온에서 6시간 (4배)
오토리즈	저속 3분 ⋯→ 3℃ 냉장고 12시간
본반죽	저속 2분 ⋯→ 소금 넣기 ⋯→ 저속 5분 ⋯→ 중속 2분 (반죽 온도 24℃)
1차 발효	26℃ 75% 70분 ⋯→ 접기 ⋯→ 50분
분할	300g
중간 발효	20분
성형	50cm 바게트형
2차 발효	26℃ 70% 50분
굽기	윗불 250℃ 아랫불 240℃ 24분 스팀 4초 (가정용 오븐 240℃ 25분)

Chef's Tip

이 레시피에 사용된 밀가루는 우리밀 금강밀이며 회분함량은 0.53%이고 단백질 함량은 11.3%다.

풀리시 ────── **오토리즈** ────── **본반죽** ──────

1 볼에 물, 생막걸리를 넣고 잘 섞은 다음 밀가루를 넣고 반죽 후 랩을 씌운 뒤 실온 25℃에서 6시간 정도 발효시킨다. 반죽이 4배 정도 부풀고 표면에 기포가 보이면 완성된 상태이다.

2 믹싱볼에 우리밀, 통밀가루, 물을 넣고 저속에서 3분간 반죽한 뒤 한 덩어리로 만든 후 비닐로 감싸서 3℃의 냉장고에 넣어 12시간 동안 냉장 휴지시킨다.

3 믹싱볼에 ①과 ②, 이스트, 발효종을 넣고 저속에서 2분간 반죽한다.

────── **1차 발효** ──────

  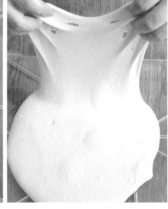

4 반죽이 한 덩어리가 되면 소금을 넣고 저속으로 5분간 반죽한 뒤 중속에서 2분간 반죽한다. 반죽 온도는 24℃이다.

5 매끈해진 반죽에 다시 랩을 씌워 26℃의 실온, 75%의 습도에서 70분간 1차 발효시킨다.

6 아래에서 위로 반죽을 가볍게 접고 반죽통을 90°로 돌려가며 4번 접고 다시 비닐로 덮어 50분간 발효시켜 약간 통통해지면 완성이다.

분할 ──────────────────────────────── **중간 발효** ────────────

7 발효된 반죽 위에 덧가루를 살짝 뿌리고 반죽을 스크레이퍼로 조심스럽게 잘라 저울에 300g씩 달아 나눈다.

8 ⑦의 반죽의 양옆을 모아 접고 반죽을 아래에서 위로 덮어 씌우듯이 반죽을 가볍게 말면서 타원형으로 만든다.

9 ⑧의 반죽을 비닐로 덮어 실온에서 20분간 중간 발효시킨다.

성형 ──────────── **2차 발효하기** ──────────── **굽기** ────────

10 중간 발효가 끝난 반죽을 굴려 50cm로 늘려 바게트 모양으로 성형하고 다시 밀가루 위에 굴려 표면에 밀가루를 골고루 묻힌다.

11 캔버스천에 밀가루를 뿌린 후 반죽을 올리고 비닐을 덮어 26℃의 실온, 70%의 습도에서 50분간 발효한 후, 반죽 윗부분에 일정한 간격의 사선으로 칼집을 낸다.

12 윗불 250℃ 아랫불 240℃로 예열한 오븐에 넣고 스팀을 4초간 분사한 뒤 24분간 굽는다. 가정용 오븐의 경우 돌판을 넣고 250℃에서 1시간 예열 후 반죽을 넣고 뜨거운 물 100mL를 돌에 부어 스팀을 낸 다음 240℃에서 25분 굽는다.

곡물 바게트

MULTIGRAIN BAGUETTE

바게트 반죽에 잡곡 가루와 각종 씨앗을 넣어 만든 바게트로 구수한 맛이 특징이다. 빵이 부드러워 샌드위치에도 잘 어울린다.

재료 (약 3개)	B/P(%)	중량(g)
본반죽		
강력분	70	350
멀티그레인믹스	30	150
다크말쯔	2	10
소금	1.2	6
세미 드라이이스트	1	5
물	65	325
검은깨	3	15
해바라기씨	10	50
호두	16	80

주요 공정	
본반죽	저속 5분 ⋯→ 중속 5분 (반죽 온도 25℃)
1차 발효	26℃ 75% 60분
분할	300g
중간 발효	20분
성형	50cm 바게트형
2차 발효	26℃ 70% 50분
굽기	윗불 240℃ 아랫불 250℃ 24분 스팀 4초 (가정용 오븐 230℃ 25분)

Chef's Tip

다크말쯔는 엿기름을 로스팅해서 추출한 시럽으로 색과 향을 내기 위해 사용한다. 검은깨는 볶아서 사용한다.

본반죽

1차 발효

1 믹싱볼에 모든 재료를 넣고 저속에서 5분간 반죽한다. 반죽이 한 덩어리가 되면 속도를 올려 중속에서 5분간 반죽한다. 반죽 온도는 25℃이다.

2 매끈해진 반죽에 다시 랩을 씌워 26℃의 실온, 75%의 습도에서 60분간 1차 발효시킨다.

분할

3 발효된 반죽 위에 덧가루를 살짝 뿌리고 반죽을 스크레이퍼로 조심스럽게 잘라 저울에 300g씩 달아 나눈다.

4 ③의 반죽의 양옆을 모아 접고 반죽을 아래에서 위로 덮어 씌우듯이 반죽을 가볍게 말면서 타원형으로 만든다.

중간 발효 ———— **성형** ————

5 ④의 반죽을 비닐로 덮어 실온 에서 20분간 중간 발효시킨다.

6 중간 발효가 끝난 반죽을 굴려 50cm로 늘려 바게트 모양으로 성형하 고 다시 밀가루 위에 굴려 표면에 밀가루를 골고루 묻힌다.

2차 발효 ———————————— **굽기** ————

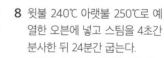

7 캔버스천에 밀가루를 뿌린 후 반죽을 올리고 비닐을 덮어 26℃의 실 온, 70%의 습도에서 50분간 발효한 후 반죽 윗부분에 일자로 칼집을 낸다.

8 윗불 240℃ 아랫불 250℃로 예 열한 오븐에 넣고 스팀을 4초간 분사한 뒤 24분간 굽는다.
가정용 오븐의 경우 돌판을 넣고 250℃에서 1시간 예열 후 반죽을 넣 고 뜨거운 물 100mL를 돌에 부어 스팀을 낸 다음 230℃에서 25분 굽 는다.

치아바타

CIABATTA

Level ●●●

'납작한 슬리퍼'라는 뜻을 가진 이탈리아식 바게트. 모양이 슬리퍼와 비슷해 붙여진 이름이다. 다른 빵보다 두 배 긴 발효 시간을 거쳐 겉은 바삭하고 속은 부드러우면서 담백하다. 샌드위치에 많이 사용된다. 한국에서는 화이트 치아바타가 더 일반적이고, 브라운 치아바타를 만들려면 굽는 시간을 20분 더 늘리면 된다.

재료 (약 5개)

	B/P(%)	중량(g)
강력분	100	500
세미 드라이이스트	0.6	3
물	68	340
발효종	20	100
올리브오일	2	10
소금	2	10
추가 물	6	30

주요 공정

오토리즈	저속 3분 (실온 20분)
본반죽	저속 2분 ⋯ 소금 투입 ⋯ 저속 3분 ⋯ 중속 6분 ⋯ 올리브오일 투입 ⋯ 중속 2분 (반죽 온도 24℃)
1차 발효	26℃ 75% 60분 ⋯ 접기 ⋯ 30분
분할	170g
중간 발효	30분
성형	치아바타
2차 발효	26℃ 70% 50분
굽기	윗불 250℃ 아랫불 230℃ 10분 스팀 4초 (가정용 오븐 240℃ 12분)

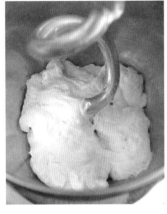

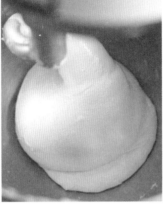

1 믹싱볼에 강력분과 물을 넣고 저속에서 3분간 반죽한 뒤 비닐로 감싸서 20분간 실온에 둔다.

2 믹싱볼에 ①, 발효종, 이스트를 넣고 저속에서 2분간 반죽한다. 반죽이 한 덩어리가 되면 소금을 넣고 저속으로 3분간 반죽한 뒤 속도를 올려 중속에서 6분간 반죽한다.

3 중속 반죽 시 3회로 나누어 물을 넣어준다. 반죽이 매끄러운 상태가 되면 올리브오일을 넣고 중속으로 2분간 반죽한다. 반죽 온도는 24℃이다.

4 매끈해진 반죽에 다시 랩을 씌워 26℃의 실온, 75%의 습도에서 60분간 1차 발효시킨다.

5 아래에서 위로 반죽을 가볍게 접고 반죽통을 90°로 돌려가며 4번 접고 다시 비닐로 덮어 30분간 발효시켜 약간 통통해지면 완성이다.

6 발효된 반죽 위에 덧가루를 살짝 뿌리고 반죽을 스크레이퍼로 조심스럽게 잘라 저울에 170g씩 달아 나눈다.

중간 발효 | 성형

7 ⑥의 매끄러운 부분이 아래로 가도록 해 타원형으로 모양을 잡는다.

8 ⑦을 비닐로 덮어 실온에서 30분간 중간 발효시킨다. 반죽이 통통해지고 부푼 상태가 된다.

9 발효된 반죽에 밀가루를 뿌려 15x10cm 직사각형의 치아바타 모양을 잡는다.

2차 발효 | 굽기

10 캔버스천에 밀가루를 뿌린 후 반죽을 올리고 비닐을 덮어 26℃의 실온, 70%의 습도에서 50분간 발효한다.

11 윗불 250℃ 아랫불 230℃로 예열한 오븐에 넣고 스팀을 4초간 분사한 뒤 10분간 굽는다.
가정용 오븐의 경우 돌판을 넣고 250℃에서 1시간 예열 후 반죽을 넣고 뜨거운 물 100mL를 돌에 부어 스팀을 낸 다음 240℃에서 12분 굽는다.

올리브 치아바타

OLIVE CIABATTA

올리브가 듬뿍 들어있어 샌드위치에도 어울리지만 그대로 올리브오일만 찍어 먹어도 맛있다. 타임 향까지 더해져 고급스러운 올리브 치아바타를 만들어보자.

Level ●●●

재료 (약 5개)	B/P(%)	중량(g)
강력분	100	500
세미 드라이이스트	0.6	3
물	68	340
발효종	20	100
올리브오일	2	10
소금	2	10
추가 물	6	30
블랙올리브 슬라이스	22	110
드라이 타임	0.04	0.2

주요 공정	
오토리즈	저속 3분 (실온 20분)
본반죽	저속 2분 ⋯ 소금 투입 ⋯ 저속 3분 ⋯ 중속 6분 ⋯ 올리브오일 투입 ⋯ 중속 2분 (반죽 온도 24℃)
1차 발효	26℃ 75% 60분 ⋯ 접기 ⋯ 30분
분할	180g
중간 발효	30분
성형	치아바타
2차 발효	26℃ 70% 50분
굽기	윗불 250℃ 아랫불 230℃ 10분 스팀 4초 (가정용 오븐 240℃ 12분)

오토리즈 ———————— 본반죽 ————

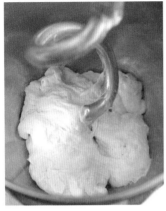

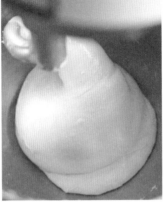

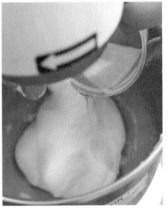

1 믹싱볼에 강력분과 물을 넣고 저속에서 3분간 반죽한 뒤 비닐로 감싸서 20분간 실온에 둔다.

2 믹싱볼에 ①, 발효종, 이스트를 넣고 저속에서 2분간 반죽한다. 반죽이 한 덩어리가 되면 소금을 넣고 저속으로 3분간 반죽한 뒤 속도를 올려 중속에서 6분간 반죽한다.

3 중속 반죽 시 3회로 나누어 물을 넣어준다. 반죽이 매끄러운 상태가 되면 올리브오일을 넣고 중속으로 2분간 반죽한다. 반죽 온도는 24℃이다.

———————— 1차 발효 ————————

4 반죽이 완성되면 반죽을 작업대 위에 두고 그 위에 올리브 슬라이스와 타임 가루를 올린다. 그 다음 반죽을 스크레이퍼로 잘라 올려 내용물이 골고루 섞이게 한다.

5 매끈해진 반죽에 다시 랩을 씌워 26℃의 실온, 75%의 습도에서 60분간 1차 발효시킨다.

6 아래에서 위로 반죽을 가볍게 접고 반죽통을 90°로 돌려가며 4번 접고 다시 비닐로 덮어 30분간 발효시켜 약간 통통해지면 완성이다.

분할 ── 중간 발효 ──────

7 발효된 반죽 위에 덧가루를 살짝 뿌리고 반죽을 스크레이퍼로 조심스럽게 잘라 저울에 180g씩 달아 나눈다.

8 ⑦의 매끄러운 부분이 아래로 가도록 해 타원형으로 모양을 잡는다.

9 ⑧을 비닐로 덮어 실온에서 30분간 중간 발효시킨다. 반죽이 통통해지고 부푼 상태가 된다.

성형 ────────────── 2차 발효 ────────────── 굽기 ──────

10 발효된 반죽에 밀가루를 뿌려 15x10cm 직사각형의 치아바타 모양을 잡는다.

11 캔버스천에 밀가루를 뿌린 후 반죽을 올리고 비닐을 덮어 26℃의 실온, 70%의 습도에서 50분간 발효한다.

12 윗불 250℃ 아랫불 230℃로 예열한 오븐에 넣고 스팀을 4초간 분사한 뒤 10분간 굽는다.
가정용 오븐의 경우 돌판을 넣고 250℃에서 1시간 예열 후 반죽을 넣고 뜨거운 물 100mL를 돌에 부어 스팀을 낸 다음 240℃에서 12분 굽는다.

이탈리안 버섯 치아바타

Level ●●●

ITALIAN MUSHROOM CIABATTA

감칠맛이 풍부하고 쫄깃한 양송이버섯과 이탈리안 허브를 볶아 넣은 치아바타이다. 샌드위치에도 어울리지만 그대로 올리브오일에 찍어 먹어도 맛있다.

재료 (약 5개)	B/P(%)	중량(g)
강력분	100	500
세미 드라이이스트	0.6	3
물	68	340
발효종	20	100
올리브오일	2	10
소금	2	10
추가 물	6	30
모차렐라치즈	16	80

버섯충전물

버터	15
마늘	20
양파 슬라이스	70
베이컨	45
양송이버섯 슬라이스	120
이탈리안 허브믹스	3
후춧가루	1

주요 공정

오토리즈	저속 3분 (실온 20분)
본반죽	저속 2분 ⋯▶ 소금 투입 ⋯▶ 저속 3분 ⋯▶ 중속 6분 ⋯▶ 올리브오일 투입 ⋯▶ 중속 2분 (반죽 온도 24℃)
1차 발효	26℃ 75% 60분 ⋯▶ 접기 ⋯▶ 30분
분할	180g
중간 발효	30분
성형	치아바타
2차 발효	26℃ 70% 50분
굽기	윗불 250℃ 아랫불 230℃ 10분 스팀 4초 (가정용 오븐 240℃ 12분)

Chef's Tip

이탈리안 허브가 없으면 타임 5g, 오레가노 5g, 바질 5g, 로즈마리 3g, 딜 1g를 섞어 3g 사용한다.

오토리즈

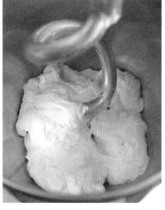

본반죽

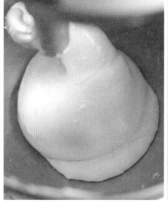

1 믹싱볼에 강력분과 물을 넣고 저속에서 3분간 반죽한 뒤 비닐로 감싸서 20분간 실온에 둔다.

2 믹싱볼에 ① 발효종, 이스트를 넣고 저속에서 2분, 소금을 넣고 3분간 반죽한 뒤 중속에서 6분간 더 반죽한다. 물을 3회 나눠가며 넣고 올리브오일을 넣은 뒤 중속으로 2분간 반죽한다. 반죽 온도는 24℃ 이다.

3 프라이팬에 버터, 으깬 마늘, 양파 슬라이스를 넣고 중불에서 볶은 후 베이컨, 이탈리안 허브, 양송이 슬라이스를 넣고 볶는다. 양송이가 익으면 후추를 뿌리고 불을 끄고 식힌다.

1차 발효

4 반죽을 작업대 위에 두고 버섯 충전물과 모차렐라치즈를 올린다. 반죽을 스크레이포로 잘라 올려 내용물이 골고루 섞이게 한다.

5 매끈해진 반죽에 다시 랩을 씌워 26℃의 실온, 75%의 습도에서 60분간 1차 발효시킨다.

6 아래에서 위로 반죽을 가볍게 접고 반죽통을 90°로 돌려가며 4번 접고 다시 비닐로 덮어 30분간 발효시켜 약간 통통해지면 완성이다.

분할 ———————————————— **중간 발효** ——————

7 발효된 반죽 위에 덧가루를 살짝 뿌리고 반죽을 스크레이퍼로 조심스럽게 잘라 저울에 180g씩 달아 나눈다.

8 ⑦의 매끄러운 부분이 아래로 가도록 해 타원형으로 모양을 잡는다.

9 ⑧을 비닐로 덮어 실온에서 30분간 중간 발효시킨다. 반죽이 통통해지고 부푼 상태가 된다.

성형 ———————————— **2차 발효** ———————— **굽기** ——————

10 발효된 반죽에 밀가루를 뿌려 15x10cm 직사각형의 치아바타 모양을 잡는다.

11 캔버스천에 밀가루를 뿌린 후 반죽을 올리고 비닐을 덮어 26℃의 실온, 70%의 습도에서 50분간 발효한다. 발효가 끝나면 베이킹시트에 올려놓고 모차렐라치즈를 얹는다.

12 윗불 250℃ 아랫불 230℃로 예열한 오븐에 넣고 스팀을 4초간 분사한 뒤 10분간 굽는다. 가정용 오븐의 경우 돌판을 넣고 250℃에서 1시간 예열 후 반죽을 넣고 뜨거운 물 100mL를 돌에 부어 스팀을 낸 다음 240℃에서 12분 굽는다.

베이컨 에피

BACON EPI

Level ●●●

에피는 프랑스어로 '이삭'이라는 뜻으로 모양이 밀이삭과 비슷해 붙여진 이름이다. 바게트 반죽을 가위로 잘라 지그재그로 성형하기 때문에 일반 바게트에 비해서 빵 조직이 더 단단하다. 베이컨과 치즈가 들어 있어 한 개씩 뜯어먹는 재미가 있다.

재료 (약 7개)	B/P(%)	중량(g)
본반죽		
T65 트레디션 밀가루	70	350
강력분	20	100
통밀가루 (거친 것)	10	50
물	67	335
세미 드라이이스트	0.4	2
발효종	20	100
소금	2	10
블랙올리브 슬라이스	20	100
체더치즈	10	50
모차렐라치즈	8	40
드라이 로즈마리	0.2	1
베이컨		7장
후춧가루		적당량

주요 공정

오토리즈	저속 3분 (실온 20분)
본반죽	저속 2분 … 소금 투입 … 저속 5분 … 중속 3분 (반죽 온도 23℃)
1차 발효	26℃ 75% 20분 … 접기 … 4℃ 냉장고 18시간
분할	150g
중간 발효	30~40분 (반죽온도 16℃)
성형	에피형
2차 발효	26℃ 70% 50분
굽기	윗불 240℃ 아랫불 210℃ 18분 스팀 6초 (가정용 오븐 240℃ 20분)

오토리즈 ──────────── **본반죽**

1 믹싱볼에 T65, 강력분, 통밀가루와 물을 넣고 저속에서 3분간 반죽한 뒤 비닐로 감싸서 20분간 실온에 둔다.

2 믹싱볼에 ①, 발효종, 이스트를 넣고 저속에서 2분간 반죽한다. 반죽이 한 덩어리가 되면 소금을 넣고 저속으로 5분간 반죽한 뒤 속도를 올려 중속에서 3분간 반죽한다.

3 반죽에 올리브, 체더치즈, 모차렐라치즈, 로즈마리를 올려 스크레이퍼로 반죽을 잘라 올려가며 골고루 섞는다.

1차 발효 ──────────────────────── **분할**

4 매끈해진 반죽에 다시 랩을 씌워 26℃의 실온, 75%의 습도에서 20분간 1차 발효시킨다

5 아래에서 위로 반죽을 가볍게 접고 반죽통을 90°로 돌려가며 4번 접고 다시 비닐로 덮어 4℃의 냉장고에 넣고 18시간 발효시킨다.

6 발효된 반죽 위에 덧가루를 살짝 뿌리고 반죽을 스크레이퍼로 조심스럽게 잘라 저울에 150g씩 달아 나눈다.

중간 발효

성형

7 ⑥의 매끄러운 부분이 아래로 가도록 해 타원형으로 모양을 잡는다.

8 ⑦을 비닐로 덮어 실온에서 30~40분간 중간 발효시킨다. 반죽이 통통해지고 부푼 상태가 된다.

9 ⑧을 20cm로 늘려 길게 만든다. 반죽 위에 베이컨을 올리고 후춧가루를 뿌린 뒤 봉한다. 가위로 45도 각도로 깊숙이 넣어 양쪽으로 잘라 이삭 모양을 만든다.

2차 발효

굽기

10 캔버스천에 밀가루를 뿌린 후 반죽을 올리고 비닐을 덮어 26℃의 실온, 70%의 습도에서 50분간 발효한다.

11 윗불 240℃ 아랫불 210℃로 예열한 오븐에 넣고 스팀을 6초간 분사한 뒤 18분간 굽는다.
가정용 오븐의 경우 돌판을 넣고 250℃에서 1시간 예열 후 반죽을 넣고 뜨거운 물 100mL를 돌에 부어 스팀을 낸 다음 240℃에서 20분 굽는다.

12 오븐에서 나온 에피는 바로 올리브오일을 발라 완성한다.

독일 프레첼

GERMAN PRETZEL

가성소다에 담갔다가 구운 빵으로 특유의 매끄러운 진한 갈색과 독특한 소다 향이 특징이다. 굽기 전에 소금을 얹는 짭짜름한 맛이 기본이지만 최근에는 다양한 모양과 토핑으로 종류도 많아졌다.

재료 (약 7개)

	B/P(%)	중량(g)
본반죽		
강력분	100	500
벌꿀	2	10
소금	2	10
세미 드라이이스트	0.7	3.5
물	48	240
버터	5	25
발효종	10	50
소다액		
가성소다 (NaOH)		20
물		500

주요 공정

본반죽	저속 5분 ⋯ 중속 6분 (반죽 온도 25℃)
1차 발효	27℃ 75% 15분
분할	120g
저온 휴지	3℃ 냉장고 12시간
성형	프레첼형
2차 발효	3℃ 냉장고에서 20~30분
소다액 담그기	반죽을 소다액에 10초간 담근다.
굽기	윗불 210℃ 아랫불 170℃ 15분 (가정용 오븐 200℃ 16분)

Chef's Tip

한번 사용한 소다액은 2번정도 더 사용할 수 있다. 내화학성 용기에 담아 밀봉해서 사람 손에 닿지 않게 보관한다.

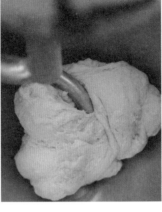

1 믹싱볼에 모든 재료를 넣고 저속에서 5분간 반죽하고 속도를 올려 중속에서 6분간 반죽한다.

2 완성된 반죽을 표면이 매끄럽게 둥글려 반죽통에 담고 비닐로 덮는다.

3 매끈해진 반죽에 다시 랩을 씌워 27℃의 실온, 75%의 습도에서 15분간 1차 발효시킨다.

4 발효된 반죽 위에 덧가루를 살짝 뿌리고 반죽을 스크레이퍼로 조심스럽게 잘라 저울에 120g씩 달아 나눠 타원형으로 만든다.

5 둥글리기한 반죽을 비닐로 잘 감싸서 3℃의 냉장고에 넣고 12시간 휴지시킨다.

성형

6 반죽의 냉기를 빼고 밀대로 반죽을 길게 민다. 가스가 완전히 빠져나가도록 힘을 주어 밀고 반죽을 90도로 돌려 위쪽부터 만다. 반죽을 X자로 2번 꼰 다음 다리 양쪽 끝을 몸통에 붙여 프레첼 모양으로 만든다.

2차 발효   굽기

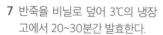
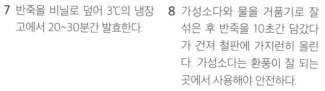

7 반죽을 비닐로 덮어 3℃의 냉장고에서 20~30분간 발효한다.

8 가성소다와 물을 거품기로 잘 섞은 후 반죽을 10초간 담갔다가 건져 철판에 가지런히 올린다. 가성소다는 환풍이 잘 되는 곳에서 사용해야 안전하다.

9 반죽 몸통 부분에 칼집을 깊게 넣고 굵은소금을 뿌린다.

10 윗불 210℃ 아랫불 170℃로 예열한 오븐에 넣고 15분간 굽는다.
   가정용 오븐의 경우 200℃에서 16분 색을 확인하며 굽는다.

PART 2

식사 빵

빵드미

PAIN DE MIE

프랑스어로 빵의 속살을 뜻하는 빵드미는 흔히 말하는 식빵이다. 식빵의 종류에도 여러 가지가 있지만 빵드미는 설탕이나 버터가 적게 들어가거나 안 들어가는 식빵을 뜻한다. 최소한의 재료로 만들어 단단하고 탄력이 좋은 편이고 칼로리가 낮아 토스트에 잘 어울린다.

재료 (약 2개)	B/P(%)	중량(g)
본반죽		
강력분	70	350
T65 트레디션 밀가루	30	150
비정제설탕	0.5	2.5
소금	1.8	9
분유	2	10
드라이이스트 (레드)	0.8	4
물	64	320
버터	2	10
발효종	10	50
생막걸리	5	25

주요 공정	
본반죽	저속 5분 … 중속 6분 (반죽 온도 24℃)
1차 발효	27℃ 75% 80~90분
분할	230g×2
중간 발효	20분
성형	산형 식빵
2차 발효	32℃ 80% 70분 (식빵틀보다 1cm 아래)
굽기	윗불 220℃ 아랫불 230℃ 30분 스팀 5초 (가정용 오븐 180℃ 35분)

Chef's Tip

성형할 때 여러 번 치대서 반죽을 단단하게 하되 가스가 너무 빠지면 잘 부풀지 않으니 주의한다.

본반죽

 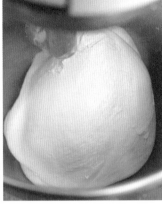 

1 믹싱볼에 모든 재료를 넣고 저속에서 5분간 반죽한 뒤 속도를 올려 중속
  에서 6분간 반죽한다.

2 완성된 반죽을 표면이 매끄럽게
  둥글리기 하고 비닐을 덮는다.

1차 발효 ——————— **분할** ——————— **중간 발효** ———————

3 27℃의 실온, 75%의 습도에서
  80~90분간 1차 발효시킨다.

4 발효된 반죽 위에 덧가루를 살짝
  뿌리고 반죽을 스크레이퍼로 조
  심스럽게 잘라 저울에 230g씩
  달아 나눈다.

5 둥글리기한 반죽을 비닐로 덮어
  20분간 실온에 둔다.

성형

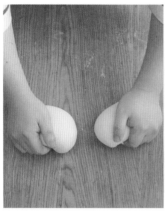

6 ⑤의 반죽을 꺼내어 다시 가스를 빼주고 둥글리기 한 다음 이음매를 잘 봉해 식빵틀에 반죽 이음매가 아래로 가도록 해서 2개씩 담는다.

2차 발효   ## 굽기

7 32℃ 80%의 발효실에서 70분 간 발효한다. 실온에서 발효할 경우 반죽 부피가 식빵틀 높이 보다 1cm 아래로 올라올 때까지 발효한다.

8 윗불 220℃ 아랫불 230℃로 예열 한 오븐에 넣고 스팀을 5초간 분 사한 뒤 30분간 굽는다.
가정용 오븐의 경우 180℃에서 35분 굽는다.

저온숙성 우유식빵

MILK PAN BREAD

Level ●●●●

물 대신 우유로만 반죽해 저온 숙성하는 우유식빵은 쫄깃하고 촉촉하고 부드럽다. 토스트나 샌드위치에 잘 어울린다.

재료 (약 2개)

재료	B/P(%)	중량(g)
본반죽		
강력분	100	600
설탕	7	42
소금	1.8	11
분유	3	18
세미 드라이이스트	1.2	7
우유	68	408
탕종	10	60
발효종	7	42
버터	9	54
탕종		
물		60
강력분		50
소금		1

주요 공정

본반죽	저속 5분 ⋯ 탕종 투입 ⋯ 중속 2분 ⋯ 버터 투입 ⋯ 중속 9분 (반죽 온도 24℃)
1차 발효	27℃ 75% 20분 ⋯ 접기 ⋯ 냉장고 4℃ 12시간
분할	300g×2
중간 발효	60분 (반죽 온도 15℃)
성형	산형 식빵
2차 발효	32℃ 80% 70분 (식빵틀보다 살짝 위)
굽기	윗불 170℃ 아랫불 210℃ 25분 (가정용 오븐 180℃ 30분)

Chef's Tip

잘 만들어진 탕종은 끈적이지 않고 손으로 만졌을 때 손에 잘 묻지 않는다.

탕종 만들기 ─────── **본반죽** ───────

1 팔팔 끓인 물을 밀가루에 조금씩 넣어가며 반죽한다. 주걱으로 재빨리 저어 매끄럽게 한 덩어리로 만든 뒤 랩에 씌우고 냉장고에 넣어 12시간 휴지한다.

2 믹싱볼에 탕종과 버터를 제외한 모든 재료를 넣고 저속에서 5분간 반죽하고 탕종을 넣은 후 속도를 올려 중속에서 2분간 반죽한다. 반죽에 글루텐이 생기기 시작하면 버터를 넣고 중속으로 9분간 매끄러워질 때까지 반죽한다.

─────── **1차 발효** ───────

3 완성된 반죽을 잘라 얇게 폈을 때 지문이 보일 정도면 반죽이 완성이다. 표면을 매끄럽게 둥글리기 하고 비닐로 반죽을 덮는다.

4 27℃의 실온, 75%의 습도에서 20분간 1차 발효시킨다.

5 아래에서 위로 반죽을 가볍게 접고 반죽통을 90°로 돌려가며 4번 접고 다시 비닐로 덮어 냉장고에서 12시간 발효한다.

분할 ─────── **중간 발효** ─────── **성형** ───────

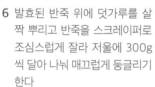

6 발효된 반죽 위에 덧가루를 살짝 뿌리고 반죽을 스크레이퍼로 조심스럽게 잘라 저울에 300g씩 달아 나눠 매끄럽게 둥글리기 한다

7 ⑥을 비닐로 덮어 반죽온도가 15℃가 될 때까지 60분간 실온에 둔다.

8 중간 발효가 끝난 반죽을 밀가루 뿌린 작업대에 놓고, 20cm 길이의 타원형이 되도록 밀어 펴고 3등분으로 접고 돌돌 말아 둥글리고 식빵틀에 2개씩 담는다.

───────── **2차 발효** ───────── **굽기** ─────

9 틀 안에 공간이 생기지 않도록 주먹으로 눌러준다.

10 32℃ 80%의 발효실에서 70분간 발효한다. 실온에서 할 경우 반죽 부피가 식빵틀 높이보다 살짝 위로 올라올 때까지 발효한다.

11 윗불 170℃ 아랫불 210℃로 예열한 오븐에 넣고 25분간 굽는다.
가정용 오븐의 경우 180℃에서 30분 색을 확인하며 굽는다.

통밀호두식빵

Level ●●●

WHOLEMEAL WALNUT PAN BREAD

통밀의 구수함과 톡톡 씹히는 호두가 잘 어울린다. 시중의 유기농 통밀가루를 써도 좋지만, 우리밀 품종인
금강밀을 제분한 밀가루를 넣으면 통밀의 향과 구수함이 더 진하다.

재료 (약 3개)

	B/P(%)	중량(g)
본반죽		
강력분	90	450
통밀가루	10	50
비정제설탕	8	40
소금	2	10
분유	4	20
세미 드라이이스트	1.2	6
물	67	335
발효종	10	50
버터	10	50
호두	20	100

주요 공정

본반죽	저속 5분 ⋯ 중속 3분 ⋯ 버터 투입 ⋯ 중속 8분 ⋯ 호두 투입 ⋯ 중속 1분 (반죽 온도 26℃)
1차 발효	27℃ 75% 50분 ⋯ 접기 ⋯ 30분
분할	180g×3
중간 발효	20분
성형	산형 식빵
2차 발효	32℃ 80% 60~70분 (식빵틀보다 1cm 아래)
굽기	윗불 180℃ 아랫불 180℃ 23분 (가정용 오븐 180℃ 25분)

본반죽

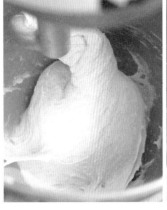

1 믹싱볼에 호두와 버터를 제외한 모든 재료를 넣고 저속에서 5분, 속도를 올려 중속에서 3분간 반죽한다. 반죽에 글루텐이 생기기 시작하면 버터를 넣고 중속에서 8분간 반죽한다.

2 반죽이 완성되면 호두를 넣고 중속으로 1분간 섞어 호두를 골고루 섞이게 한다.

3 완성된 반죽을 표면이 매끄럽게 둥글리기 하고 비닐로 덮는다.

1차 발효

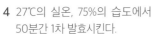

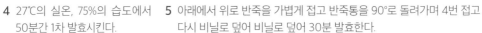

4 27℃의 실온, 75%의 습도에서 50분간 1차 발효시킨다.

5 아래에서 위로 반죽을 가볍게 접고 반죽통을 90°로 돌려가며 4번 접고 다시 비닐로 덮어 비닐로 덮어 30분 발효한다.

분할 ——————— 중간 발효 ——————— 성형 ———————

6 발효된 반죽 위에 덧가루를 살짝 뿌리고 반죽을 스크레이퍼로 조심스럽게 잘라 저울에 180g씩 달아 나눠 매끄럽게 둥글리기 한다.

7 ⑥을 비닐로 덮어 20분간 실온에 둔다.

8 중간 발효가 끝난 반죽을 밀가루 뿌린 작업대에 놓고, 18cm 길이의 타원형이 되도록 밀어 펴고 3등분으로 접고 돌돌 말아 둥글리고 식빵틀에 3개씩 담는다.

2차 발효 ——————— 굽기 ———————

9 틀 안에 공간이 생기지 않도록 주먹으로 눌러준다.

10 32℃ 80%의 발효실에서 60~70분간 발효한다. 실온에서 할 경우 반죽 부피가 식빵틀 높이보다 1cm 아래로 올라올 때까지 발효한다.

11 윗불 180℃ 아랫불 180℃로 예열한 오븐에 넣고 23분간 굽는다.
가정용 오븐의 경우 180℃에서 25분 색을 확인하며 굽는다.

감자식빵

POTATO PAN BREAD

Level ●●●

수분을 많이 함유한 감자를 사용하면 촉촉하고 쫄깃한 식감의 식빵을 만들 수 있다. 여기에 체더치즈를 넣어 감칠맛을 더했다.

재료 (약 4개)

본반죽	B/P(%)	중량(g)
강력분	100	500
으깬 감자	40	200
설탕	8	40
소금	2	10
분유	4	20
세미 드라이이스트	1.4	7
물	35	175
우유	30	150
버터	10	50
발효종	7	35
체더치즈	14	70

주요 공정

본반죽	저속 5분 ⋯ 중속 3분 ⋯ 버터 투입 ⋯ 중속 10분 (반죽 온도 25℃)
1차 발효	27℃ 75% 50분 ⋯ 접기 ⋯ 20분
분할	140g×2
중간 발효	15분
성형	산형 식빵
2차 발효	32℃ 80% 60분 (식빵틀보다 1cm 아래)
굽기	윗불 200℃ 아랫불 200℃ 20분 (가정용 오븐 190℃ 23분)

감자 삶기 ──────── 본반죽 ────────

1 감자는 깨끗이 씻어 찜기에 넣고 푹 찐 다음 뜨거울 때 껍질을 벗겨 으깨서 곱게 만들어 둔다.

2 믹싱볼에 체더치즈와 버터를 제외한 모든 재료를 넣고 저속에서 5분간 반죽하고 속도를 올려 중속에서 3분간 반죽한다. 반죽에 글루텐이 생기기 시작하면 버터를 넣고 중속에서 10분간 반죽한다.

3 반죽이 완성되면 체더치즈를 넣고 스크레이퍼로 반죽을 잘라 올려가며 치즈를 골고루 섞는다.

──────── 1차 발효 ────────

4 완성된 반죽을 표면이 매끄럽게 둥글리기 하고 비닐로 덮는다.

5 27℃의 실온, 75%의 습도에서 50분간 1차 발효시킨다.

6 아래에서 위로 반죽을 가볍게 접고 반죽통을 90°로 돌려가며 4번 접고 다시 비닐로 덮어 20분 발효한다.

분할 ——————— **중간 발효** ——————— **성형** ———————

7 발효된 반죽 위에 덧가루를 살짝 뿌리고 반죽을 스크레이퍼로 조심스럽게 잘라 저울에 140g씩 달아 나눠 매끄럽게 둥글리기 한다.

8 ⑦을 비닐로 덮어 15분간 실온에 둔다.

9 ⑧을 밀가루 뿌린 작업대에 놓고, 가스를 빼고 둥글리기 한 다음 이음매를 잘 봉해 식빵틀에 2개씩 담는다.

2차 발효 ——————— **굽기** ———————

10 32℃ 80%의 발효실에서 60분간 발효한다. 실온에서 할 경우 반죽 부피가 식빵틀 높이보다 1cm 아래로 올라올 때까지 발효하고 달걀물을 칠한다.

11 윗불 200℃ 아랫불 200℃로 예열한 오븐에 넣고 20분간 굽는다.
가정용 오븐의 경우 190℃에서 23분 색을 확인하며 굽는다.

코코넛식빵

COCONUT PAN BREAD

Level ●●●

코코넛 설탕은 코코넛 수액을 농축해서 만드는 설탕으로 일반 설탕에 비해 단맛이 적고 당지수가 GI 70으로 낮은 편이다. 독특한 캐러멜 향과 감칠맛이 좋아 식빵의 고급스런 단맛을 즐길 수 있다.

재료 (약 1개)	B/P(%)	중량(g)
본반죽		
강력분	100	500
코코넛 설탕	20	100
소금	1.8	9
세미 드라이이스트	1.4	7
버터	7	35
휘핑크림	10	50
분유	3	15
코코아	0.8	4
물	60	300
발효종	15	75

주요 공정

본반죽	저속 3분 ⋯→ 중속 3분 ⋯→ 버터 투입 ⋯→ 중속 6분 (반죽 온도 27℃)
1차 발효	27℃ 75% 50분 ⋯→ 접기 ⋯→ 20분
분할	180g×6
중간 발효	15분
성형	사각 식빵
2차 발효	32℃ 80% 50~60분 (식빵틀 70%)
굽기	윗불 190℃ 아랫불 190℃ 38분 (가정용 오븐 190℃ 40분)

Chef's Tip

일반적으로 과립형인 코코넛 설탕은 그대로 사용해도 되지만 덩어리 형태는 칼로 잘게 썰어 물에 녹인 후 반죽한다.

본반죽

1 믹싱볼에 버터를 제외한 모든 재료를 넣고 저속에서 3분간 반죽하고 속도를 올려 중속에서 3분간 반죽한다. 반죽에 글루텐이 생기기 시작하면 버터를 넣고 중속에서 6분간 반죽한다.

2 완성된 반죽을 표면이 매끄럽게 둥글리기 하고 비닐로 덮는다.

1차 발효   **분할**

 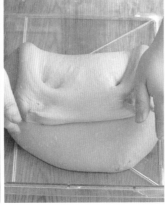 

3 27℃의 실온, 75%의 습도에서 50분간 1차 발효시킨다.

4 아래에서 위로 반죽을 가볍게 접고 반죽통을 90°로 돌려가며 4번 접고 다시 비닐로 덮어 20분 발효한다.

5 발효된 반죽 위에 덧가루를 살짝 뿌리고 반죽을 스크레이퍼로 조심스럽게 잘라 저울에 180g씩 달아 나눠 매끄럽게 둥글리기 한다.

중간 발효

성형

6 ⑤를 비닐로 덮어 15분간 실온에
   둔다.

7 ⑥을 밀가루 뿌린 작업대에 놓고, 18cm 길이의 타원형이 되도록 밀어
   펴고 3등분으로 접고 돌돌 말아 둥글리고 식빵틀에 6개씩 담아 틀 밑
   에 공간이 생기지 않도록 주먹으로 눌러준다.

2차 발효

굽기

8 32℃ 80%의 발효실에서 50~60분간 발효한다. 실온에서 할 경우 반죽
   부피가 식빵틀 높이의 70% 정도로 올라올 때까지 발효하고 뚜껑을 닫
   는다.

9 윗불 190℃ 아랫불 190℃로 예
   열한 오븐에 넣고 38분간 굽
   는다.
   가정용 오븐의 경우 190℃에서 40분
   굽는다.

베이글

BAGEL

반죽을 뜨거운 물에 삶아 구워 쫄깃하고 담백하다. 1980년대 뉴욕에서 인기를 끌기 시작해 지금은 전세계에서 사랑받는 빵이다. 지방과 당분이 거의 없어 다이어트 식품으로 인기가 높다.

재료 (약 8개)	B/P(%)	중량(g)
본반죽		
강력분	100	500
소금	1.8	9
설탕	4	20
분유	2	10
세미 드라이이스트	1	5
물	48	240
버터	6	30
발효종	10	50
삶은 물		
물		1000
설탕		40

주요 공정	
본반죽	저속 7분 ···▶ 중속 5분 (반죽 온도 24℃)
1차 발효	27℃ 75% 30분
분할	110g
중간 발효	냉장고 15분
성형	베이글
2차 발효	28℃ 60% 50분
데치기	95℃에서 앞뒤로 15초씩 데친다.
굽기	윗불 210℃ 아랫불 160℃ 12~14분 (가정용 오븐 190℃ 16분)

Chef's Tip

반죽이 너무 과발효되면 베이글 특유의 쫀득한 식감이 줄어든다.

본반죽

1 믹싱볼에 모든 재료를 넣고 저속에서 7분간 반죽한 뒤 속도를 올려 중속에서 5분간 반죽한다.

2 완성된 반죽을 표면이 매끄럽게 둥글리기 하고 비닐을 덮는다.

1차 발효 　　　분할 　　　중간 발효

3 27℃의 실온, 75%의 습도에서 30분간 1차 발효시킨다.

4 발효된 반죽 위에 덧가루를 살짝 뿌리고 반죽을 스크레이퍼로 조심스럽게 잘라 저울에 110g씩 달아 나눈다.

5 둥글리기한 반죽을 비닐로 덮어 냉장고에서 15분간 중간 발효한다.

성형

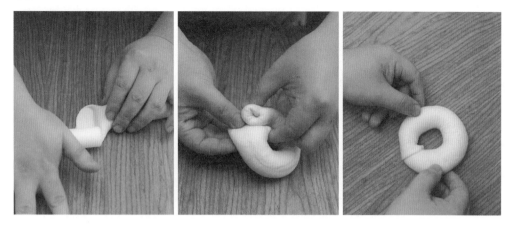

6 반죽의 냉기를 제거한 후, 밀대를 이용해 반죽을 타원형으로 길게 밀어 편 다음 세로 방향으로 말아준다. 반죽의 한쪽 끝을 눌러 납작하게 펴고 다른 한쪽으로 감싼 후 물을 묻혀 이음매를 봉해 링 모양을 만든다.

2차 발효 ——— 데치기 ——— 굽기

7 28℃ 60%의 발효실에서 50분간 발효한다. 베이글은 1.5배가 될 때까지 발효시킨다.

8 분량의 물을 냄비에 넣어 95℃까지 끓인 뒤 베이글을 앞뒤로 15초 데친다.

9 윗불 210℃ 아랫불 160℃로 예열한 오븐에 넣고 12~14분간 굽는다.
가정용 오븐의 경우 190℃에서 16분 색을 확인하며 굽는다.

잡곡양파 베이글

MULTIGRAIN ONION BAGEL

멀티그레인 특유의 구수한 맛과 양파가 만나 중독성 있는 맛이 탄생했다. 샌드위치에도 잘 어울리지만 그냥 먹어도 맛있는 베이글을 집에서 만들어보자.

재료 (약 8개)

	B/P(%)	중량(g)
본반죽		
강력분	80	400
멀티그레인파우더	20	100
다크말쯔	1.6	8
소금	1.8	9
설탕	4	20
분유	2	10
세미 드라이이스트	1	5
물	48	240
버터	6	30
발효종	7	35
양파	10	50
삶은 물		
물		1000
설탕		40
모차렐라치즈		적당량

주요 공정

본반죽	저속 5분 ···› 중속 6분 ···› 양파 투입 ···› 중속 2분 (반죽 온도 24℃)
1차 발효	27℃ 75% 30분
분할	110g
중간 발효	3℃ 냉장고 15분
성형	베이글
2차 발효	28℃ 60% 50분
데치기	95℃에서 앞 뒤로 15초씩 데친다.
굽기	윗불 210℃ 아랫불 160℃ 12~14분 (가정용 오븐 190℃ 16분)

본반죽

1 믹싱볼에 다진 양파를 제외한 모든 재료를 넣고 저속에서 5분간 반죽한 뒤 속도를 올려 중속에서 6분간 반죽한다.

2 반죽이 완성되면 다진 양파를 넣고 중속에서 2분간 반죽한다.

3 완성된 반죽을 표면이 매끄럽게 둥글리기 하고 비닐을 덮는다.

1차 발효 / 분할 / 중간 발효

4 27℃의 실온, 75%의 습도에서 30분간 1차 발효시킨다.

5 발효된 반죽 위에 덧가루를 살짝 뿌리고 반죽을 스크레이퍼로 조심스럽게 잘라 저울에 110g씩 달아 나눈다.

6 둥글리기한 반죽을 비닐로 덮어 냉장고에서 15분간 중간 발효한다.

성형

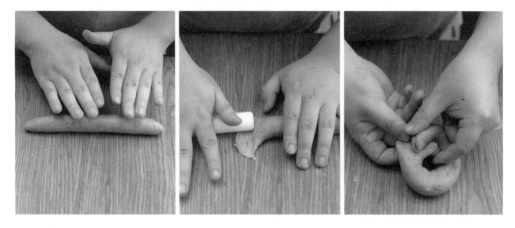

7 반죽의 냉기를 제거한 후, 밀대를 이용해 반죽을 타원형으로 길게 밀어 편 다음 세로 방향으로 말아준다. 반죽의 한쪽 끝을 눌러 납작하게 펴고 다른 한쪽으로 감싼 후 물을 묻혀 이음매를 봉해 링 모양을 만든다.

2차 발효 ──── 데치기 ──── 굽기

8 28℃ 60%의 발효실에서 50분 간 발효한다. 베이글은 1.5배가 될 때까지 발효시킨다.

9 분량의 물을 냄비에 넣고 95℃ 까지 끓인 뒤 베이글을 앞뒤로 15초 데친다.

10 윗불 210℃ 아랫불 160℃로 예 열한 오븐에 넣고 12~14분간 굽 는다.
가정용 오븐의 경우 190℃에서 16분 색을 확인하며 굽는다.

바르바리빵

بربری

Level ●●

바르바리빵은 서남아시아에서 유래한 빵으로 인도, 중동에서 주식으로 먹는 빵이다. 납작한 빵은 크게 4가지로 나눌 수 있는데, 발효된 납작빵인 바르바리빵, 무발효 납작빵인 라바쉬, 공기로 부풀려 만든 피타브레드, 탄두리에 굽는 난이 있다.

재료 (약 3개)

	B/P(%)	중량(g)
본반죽		
T55 프랑스밀가루	100	500
소금	1.8	9
세미 드라이이스트	0.6	3
물	64	320
묵은반죽	20	100
올리브오일	5	25
토핑물		
박력분		15
물		200
참깨		적당량

주요 공정

본반죽	저속 5분 ┈▸ 올리브오일 투입 ┈▸ 중속 5분 (반죽 온도 24℃)
1차 발효	26℃ 75% 70분
분할	300g
중간 발효	30분
성형	타원형의 납작빵
2차 발효	26℃ 70% 50분
굽기	윗불 260℃ 아랫불 230℃ 10분 스팀 5초 (가정용 오븐 250℃ 12분)

Chef's Tip

이 빵은 손으로 잘라 수프에 찍어 먹거나 고기를 싸서 먹기도 한다. 요즘에는 바르바리빵을 반으로 갈라 만든 샌드위치도 인기다.

1 믹싱볼에 모든 재료를 넣고 저속에서 5분간 반죽한다. 한 덩어리가 되면 올리브오일을 넣고 중속에서 5분간 반죽한다.

2 26℃의 실온, 75%의 습도에서 70분간 1차 발효시킨다. 반죽이 2배로 부풀면 완성이다.

분할 ────────────────────────────

3 발효된 반죽 위에 덧가루를 살짝 뿌리고 반죽을 스크레이퍼로 조심스럽게 잘라 저울에 300g씩 달아 나눈다.

4 ③의 매끄러운 부분이 아래로 가도록 해 타원형으로 모양을 잡는다.

중간 발효 ——————

5 ④를 비닐로 덮어 30분간 실온에
   둔다.

성형 ——————

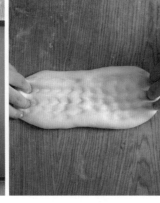

6 ⑤의 반죽을 손바닥으로 가볍게
   눌러 편 다음 반죽을 손가락 끝
   으로 콕콕 찌르듯이 가운데에서
   바깥으로 눌러가며 40cm까지
   늘인다.

2차 발효 ——————

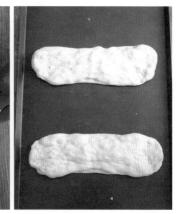

7 26℃의 실온, 70%의 습도에서
   50분간 발효한다.

—————— **굽기** ——————

8 냄비에 박력분과 물을 넣고 저어
   가며 끓인다. 풀처럼 엉기면 불
   에서 내려 식힌다.

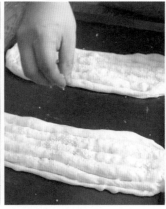

9 반죽이 부풀면 손날을 이용해
   2~3cm 세로로 눌러 홈을 만든
   다. 반죽 윗면에 붓으로 풀을 골
   고루 바르고 깨를 뿌린다.

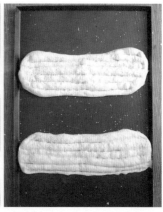

10 윗불 260℃ 아랫불 230℃로 예
   열한 오븐에 넣고 스팀을 5초
   간 분사한 뒤 10분간 굽는다.
   가정용 오븐의 경우 250℃에서 12분
   굽는다.

크루아상

CROISSANT

겹겹의 층이 살아있는 초승달 모양의 페이스트리. 바삭바삭한 맛은 버터가 녹으면서 생기는 얇은 공기층 덕분이다. 크루아상을 반 갈라 속을 채워 샌드위치를 만들어 먹어도 좋다.

재료 (약 18개)

	B/P(%)	중량(g)
강력분	90	450
박력분	10	50
설탕	8	40
소금	2	10
분유	3	15
세미 드라이이스트	1.6	8
달걀	10	50
물	45	225
버터	5	25
충전버터	55	275

주요 공정

본반죽	저속 3분 ⋯ 중속 4분 (반죽 온도 25℃)
1차 발효	26℃ 75% 60분 (2.5배)
냉동 휴지	35×25cm 밀어 펴고 -18℃ 냉동고 60분
접기	3절 3회 (매회 접은 후 30분 냉동고 휴지)
재단	10×25cm 삼각형 두께 4mm
성형	크루아상
2차 발효	28℃ 80% 120분
굽기	윗불 210℃ 아랫불 160℃ 15분 (가정용 오븐 200℃ 18분)

본반죽

1 믹싱볼에 충전버터를 제외한 모든 재료를 넣고 저속에서 3분간 반죽한다. 한 덩어리가 되면 중속에서 4분간 반죽한다.

1차 발효

2 26℃의 실온, 75%의 습도에서 60분간 1차 발효시킨다. 반죽이 2.5배로 부풀면 완성이다.

냉동 휴지

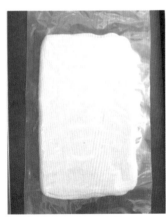  

3 발효시킨 반죽을 넓게 펴서 35x25cm의 납작한 직사각형을 만들어 비닐로 싼다.

4 반죽을 -18℃의 냉동고에 넣고 60분간 휴지시킨다. 충전버터도 비닐에 담고 손으로 눌러 20x25cm으로 만든 후 냉장 보관한다.

5 휴지시킨 반죽을 밀대로 밀어 40x25cm로 편 뒤 냉장고에서 꺼낸 버터를 그 위에 올려 반죽으로 감싼다.

접기

재단

성형

6 이음매를 잘 봉한 후 밀대로 밀어 80cm가 되게 만든 다음 3등분해서 접는다. 이 동작을 두 번 더 반복한 후 비닐로 싸서 -18℃ 냉동고에 넣고 30분간 휴지시킨다.

7 휴지시킨 반죽을 밀어 최종적으로 80x27cm가 되게 맞추고 두께는 4mm가 되도록 한다. 자와 커터를 이용해 사방을 깨끗이 잘라낸 다음 밑변 10cm, 높이 25cm의 삼각형이 되도록 자른다.

8 칼집 낸 밑변을 양옆으로 벌린 다음 가운데로 돌돌 말아 올리며 크루아상 모양을 만든다. 반죽을 팬에 올리고 달걀물을 바른다.

2차 발효

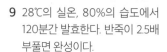

굽기

9 28℃의 실온, 80%의 습도에서 120분간 발효한다. 반죽이 2.5배 부풀면 완성이다.

10 윗불 210℃ 아랫불 160℃로 예열한 오븐에 넣고 15분간 굽는다.
가정용 오븐의 경우 200℃에서 색을 확인하며 18분 굽는다.

PART 3

단과자 빵

단팥빵

SWEET RED BEAN BUN

남녀노소 누구나 좋아하는 추억의 단팥빵. 끓여 만든 팥의 깊은맛이 부드러운 빵과 잘 어울린다.

재료 (약 20개)

	B/P(%)	중량(g)
막걸리 풀리시		
강력분	20	100
생막걸리	10	50
우유	10	50
세미 드라이이스트	0.2	1
본반죽		
강력분	80	400
설탕	21	105
소금	1.8	9
분유	4	20
세미 드라이이스트	1.2	6
우유	18	90
달걀	20	100
발효종	12	60
버터	15	75
단팥		
국산팥		500
설탕		300
트레할로스		300
소금		3

주요 공정

막걸리 풀리시	27℃ 실온에서 2~3시간 (4배)
본반죽	저속 5분 ⋯▸ 중속 2분 ⋯▸ 버터 투입 ⋯▸ 중속 5분 (반죽 온도 26℃)
1차 발효	27℃ 75% 40분 ⋯▸ 접기 ⋯▸ 20분 (2배)
분할	50g
중간 발효	15분
성형	원형 팥빵 + 단팥 60g
2차 발효	32℃ 80% 60분
굽기	윗불 210℃ 아랫불 160℃ 12분 (가정용 오븐 190℃ 12~14분)

Chef's Tip

반죽에 막걸리 풀리시를 사용하면 특유의 발효 향이 팥에 잘 어울리고 더욱 부드러운 팥빵을 만들 수 있다.

175

막걸리 풀리시 ──────── **본반죽** ────────

1 볼에 생막걸리와 우유를 넣고 드라이이스트를 뿌리고 5분간 둔다. 잘 풀어 섞은 다음 27℃의 실온에서 반죽이 4배 부풀 때까지 2~3시간 발효시킨다.

2 믹싱볼에 버터를 제외한 모든 재료를 넣고 저속에서 5분간 반죽한 후 속도를 올려 중속에서 2분간 반죽한다.

3 반죽에 버터를 넣고 중속에서 5분간 매끄러워질 때까지 반죽해 비닐로 덮는다.

1차 발효 ──────── **분할** ────────

4 27℃의 실온, 75%의 습도에서 40분간 1차 발효시킨다.

5 아래에서 위로 반죽을 가볍게 접고 반죽통을 90°로 돌려가며 4번 접고 다시 비닐로 덮어 20분간 발효한다. 반죽이 2배로 부풀면 완성이다.

6 발효된 반죽 위에 덧가루를 살짝 뿌리고 반죽을 스크레이퍼로 조심스럽게 잘라 저울에 50g씩 달아 나누고 표면이 매끄럽게 양손으로 둥글리기한다.

중간 발효

7 ⑥을 비닐로 덮어 15분간 실온에 둔다.

8 냄비에 팥과 물을 넣고 주름이 생기기 시작할 때까지 끓이고 팥을 씻는다. 씻은 팥을 다시 냄비에 넣고 물을 부어 2~3시간 졸인다. 팥이 되직해지면 설탕, 트레할로스, 소금을 넣고 중불에서 계속 저어가며 걸쭉한 상태로 끓인 다음 식혀 냉장 보관한다.

성형   2차 발효   굽기

9 ⑦에 덧가루를 살짝 뿌리고 반죽을 손바닥으로 눌러 가스를 뺀 다음 단팥 60g을 올려 반죽으로 감싸고 이음새를 잘 봉한 뒤 철판 위에 둔다. 달걀물을 얇게 바르고 검은깨를 조금씩 뿌린다.

10 32℃ 80%의 발효실에서 60분간 발효한다.

11 윗불 210℃ 아랫불 160℃로 예열한 오븐에 넣고 12분간 굽는다.
가정용 오븐의 경우 190℃에서 색을 확인하며 12~14분 굽는다.

초코 바나나빵

CHOCOLATE BANANA BUN

촉촉하고 달콤한 바나나와 씁쓸한 초콜릿의 조합은 의외로 잘 어울린다. 이번 레시피에서는 생바나나를 사용했지만 바나나를 버터로 살짝 튀겨 만들어도 맛있다.

재료 (약 20개)

본반죽	B/P(%)	중량(g)
강력분	100	500
설탕	21	105
소금	1.8	9
분유	2	10
세미 드라이이스트	1.4	7
우유	38	190
달걀	20	100
발효종	12	60
버터	15	75

충전물		
초코스틱		20개
바나나 (8등분)		3개

주요 공정

본반죽	저속 5분 ⋯▸ 중속 2분 ⋯▸ 버터 투입 ⋯▸ 중속 7분 (반죽 온도 26℃)
1차 발효	27℃ 75% 50분 ⋯▸ 접기 ⋯▸ 20분 (2배)
분할	50g
중간 발효	15분
성형	바나나와 초코스틱이 들어간 번데기 모양
2차 발효	32℃ 80% 60분
굽기	윗불 200℃ 아랫불 160℃ 12분 (가정용 오븐 190℃ 12~15분)

Chef's Tip

바나나는 잘 익은 것을 선택한다.

본반죽 ──────── **1차 발효** ────────

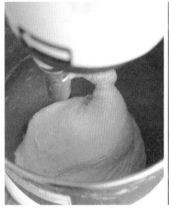  

1 믹싱볼에 버터를 제외한 모든 재료를 넣고 저속에서 5분간 반죽하고 속도를 올려 중속에서 2분간 반죽한다. 반죽에 글루텐이 생기기 시작하면 버터를 넣고 중속에서 7분간 반죽한다.

2 완성된 반죽을 표면이 매끄럽게 둥글리기 하고 비닐로 덮는다. 27℃의 실온, 75%의 습도에서 50분간 1차 발효시킨다.

3 아래에서 위로 반죽을 가볍게 접고 반죽통을 90°로 돌려가며 4번 접고 다시 비닐로 덮어 20분 발효한다. 반죽이 2배 부풀면 완성이다.

분할 ──────── **중간 발효** ────────

4 발효된 반죽 위에 덧가루를 살짝 뿌리고 반죽을 스크레이퍼로 조심스럽게 잘라 저울에 50g씩 달아 나눠 매끄럽게 둥글리기 한다.

5 바나나 껍질을 벗겨 반으로 자르고 길쭉하게 4등분한다. 길이는 8cm, 두께는 1.5cm가 좋다.

6 ⑤를 비닐로 덮어 15분간 실온에 둔다.

성형

7 ⑥을 18cm 길이의 타원형이 되도록 만든 후 밀대로 밀어 위쪽 끝부분에 초코스틱과 바나나를 올리고 살짝 말
아 덮는다. 살짝 말아 재료가 덮이게 한 뒤 아래를 길게 남긴다. 남긴 부분을 0.5~1cm 간격으로 자르고 우유 물
을 발라 자른 부분이 겹치지 않도록 말아 철판에 옮기고 달걀물을 칠한다.

2차 발효 ──────── 굽기 ────────

8 32℃ 80%의 발효실에서 60분
  간 발효한다. 반죽 부피가 2.5배
  되면 완성이다.

9 윗불 200℃ 아랫불 160℃로 예
  열한 오븐에 넣고 12분간 굽
  는다.
  가정용 오븐의 경우 190℃에서 색을
  확인하며 12~15분 굽는다.

파인애플잼빵

ROTI NANAS

파인애플은 독특한 산미와 단맛으로 해외에서는 제빵에 많이 사용한다. 빵에 생크림을 얹어 먹으면 금상첨화다.

재료 (약 20개)

본반죽	B/P(%)	중량(g)
강력분	100	500
설탕	21	105
소금	1.8	9
분유	2	10
세미 드라이이스트	1.4	7
우유	38	190
달걀	20	100
발효종	12	60
버터	15	75

파인애플잼		
파인애플 간 것		500
설탕		200
버터		20
시나몬 가루 (옵션)		1

주요 공정

본반죽	저속 5분 ⋯→ 중속 2분 ⋯→ 버터 투입 ⋯→ 중속 7분 (반죽 온도 26℃)
1차 발효	27℃ 75% 50분 ⋯→ 접기 ⋯→ 20분 (2배)
분할	50g
중간 발효	15분
성형	버터롤
2차 발효	32℃ 80% 60분
굽기	윗불 200℃ 아랫불 160℃ 12분 (가정용 오븐 190℃ 12~15분)

Chef's Tip

파인애플은 잘 익은 것을 선택하고 끓일 때 되직한 페이스트가 될 때까지 충분히 끓인다.

 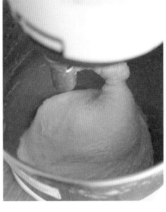 

1 믹싱볼에 버터를 제외한 모든 재료를 넣고 저속에서 5분간 반죽하고 속도를 올려 중속에서 2분간 반죽한다. 반죽에 글루텐이 생기기 시작하면 버터를 넣고 중속에서 7분간 반죽한다.

2 완성된 반죽을 표면이 매끄럽게 둥글리기 하고 비닐로 덮는다.

3 27℃의 실온, 75%의 습도에서 50분간 1차 발효시킨다.

4 아래에서 위로 반죽을 가볍게 접고 반죽통을 90°로 돌려가며 4번 접고 다시 비닐로 덮어 20분 발효한다. 반죽이 2배 부풀면 완성이다

5 발효된 반죽 위에 덧가루를 살짝 뿌리고 반죽을 스크레이퍼로 조심스럽게 잘라 저울에 50g씩 달아 나눠 매끄럽게 둥글리기 한다.

6 ⑤를 비닐로 덮어 15분간 실온에 둔다.

성형

7 파인애플 과육을 적당한 크기로 썬 뒤 강판에 간다. 간 파인애플과 설탕을 냄비에 넣고 약한 불로 저어가며 끓이고 걸쭉해지면 버터와 시나몬을 넣고 되직해질 때까지 끓인다.

8 ⑥을 한쪽은 두껍고 반대쪽은 얇게 올챙이 모양을 만든 후 5분간 그대로 둔다. 밀대로 8x15cm의 역삼각형 모양으로 밀어 펴고 가장 두꺼운 부분에 파인애플잼 25~30g을 올리고 반죽으로 덮어 버터롤 모양으로 만든다. 철판에 옮겨 달걀물을 바른다.

2차 발효　　　　굽기

9 32℃ 80%의 발효실에서 60분간 발효한다. 반죽 부피가 2.5배 되면 완성이다.

10 윗불 200℃ 아랫불 160℃로 예열한 오븐에 넣고 12분간 굽는다.
가정용 오븐의 경우 190℃에서 색을 확인하며 12~15분 굽는다.

185

커스터드크림빵

CUSTARD CREAM BUN

부드러운 커스터드크림을 반달 모양의 빵 속에 가득 넣어 만든 빵. 입 안에서 사르르 녹아내리는 달콤한 맛이 일품이다. 따뜻할 때 먹어도 좋고 차갑게 먹어도 색다르다.

재료 (약 20개)	B/P(%)	중량(g)
본반죽		
강력분	100	500
설탕	21	105
소금	1.8	9
분유	2	10
세미 드라이이스트	1.4	7
우유	38	190
달걀	20	100
발효종	12	60
버터	15	75
커스터드크림		
우유		500
설탕		100
노른자		100
박력분		40
바닐라빈		¼개
버터		20

주요 공정	
본반죽	저속 5분 ┄→ 중속 2분 ┄→ 버터 투입 ┄→ 중속 7분 (반죽 온도 26℃)
1차 발효	27℃ 75% 50분 ┄→ 접기 ┄→ 20분 (2배)
분할	50g
중간 발효	15분
성형	45g 크림이 들어간 반달모양의 빵
2차 발효	32℃ 80% 60분
굽기	윗불 200℃ 아랫불 160℃ 12분 (가정용 오븐 190℃ 12~15분)

본반죽

1 믹싱볼에 버터를 제외한 모든 재료를 넣고 저속에서 5분간 반죽하고 속도를 올려 중속에서 2분간 반죽한다. 반죽에 글루텐이 생기기 시작하면 버터를 넣고 중속에서 7분간 반죽한다.

2 완성된 반죽을 표면이 매끄럽게 둥글리기 하고 비닐로 덮는다.

1차 발효

3 27℃의 실온, 75%의 습도에서 50분간 1차 발효시킨다.

4 아래에서 위로 반죽을 가볍게 접고 반죽통을 90°로 돌려가며 4번 접고 다시 비닐로 덮어 20분 발효한다. 반죽이 2배 부풀면 완성이다.

분할

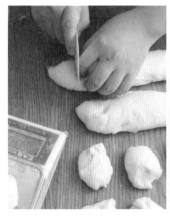

5 발효된 반죽 위에 덧가루를 살짝 뿌리고 반죽을 스크레이퍼로 조심스럽게 잘라 저울에 50g씩 달아 나눠 매끄럽게 둥글리기한다.

중간 발효

6 ⑤를 비닐로 덮어 15분간 실온에 둔다.

7 볼에 달걀노른자, 설탕, 체에 내린 박력분을 넣고 덩어리 없이 매끄러워질 때까지 거품기로 잘 섞는다.

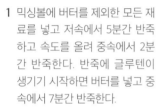

성형

8 바닐라빈의 씨를 발라 냄비에 함께 넣고 우유를 부어 약한 불에서 끓인다.

9 바닐라 향이 우러나면 ⑦의 달걀물 반죽에 저어가며 조금씩 붓고 체에 내린다. 다시 냄비에 담아 중불에서 끓인 후 불을 끄고 버터를 넣어 섞어준 뒤 비닐을 덮고 식혀 냉장 보관한다.

10 ⑥을 14cm의 타원형으로 밀어 펴서 손바닥에 올려놓고 가운데에 짤주머니로 크림을 45g씩 짜고 반죽 윗부분을 잡아 반으로 접어 이음매를 잘 봉한다.

2차 발효 ──────── 굽기

11 스크레이퍼로 반죽 끝부분에 칼집을 3번 내준 후 자른다. 철판에 올려두고 달걀물을 칠한다.

12 32℃ 80%의 발효실에서 60분간 발효한다. 반죽 부피가 2.5배 되면 완성이다.

13 윗불 200℃ 아랫불 160℃로 예열한 오븐에 넣고 12분간 굽는다.
가정용 오븐의 경우 190℃에서 색을 확인하며 12~15분 굽는다.

초코커스터드크림빵

CHOCOLATE CUSTARD CREAM BUN

부드러운 빵 반죽에 부드러운 초코크림을 듬뿍 넣어 만든 빵이다. 초코크림으로 얼굴을 그리거나 캐릭터를 그려 구우면 아이들에게 인기 만점이다.

재료 (약 20개)	B/P(%)	중량(g)
본반죽		
강력분	100	500
설탕	21	105
소금	1.8	9
분유	2	10
세미 드라이이스트	1.4	7
우유	38	190
달걀	20	100
발효종	12	60
버터	15	75
초코커스터드크림		
우유		500
설탕		100
노른자		100
박력분		40
코코아파우더		12
다크초콜릿		80

주요 공정	
본반죽	저속 5분 ⋯ 중속 2분 ⋯ 버터 투입 ⋯ 중속 7분 (반죽 온도 26℃)
1차 발효	27℃ 75% 50분 ⋯ 접기 ⋯ 20분 (2배)
분할	50g
중간 발효	15분
성형	45g 크림이 들어간 반달모양의 빵
2차 발효	32℃ 80% 60분
굽기	윗불 200℃ 아랫불 160℃ 12분 (가정용 오븐 190℃ 12~15분)

 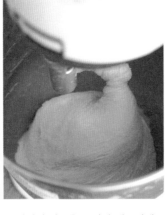 

1 믹싱볼에 버터를 제외한 모든 재료를 넣고 저속에서 5분간 반죽하고 속도를 올려 중속에서 2분간 반죽한다. 반죽에 글루텐이 생기기 시작하면 버터를 넣고 중속에서 7분간 반죽한다.

2 완성된 반죽을 표면이 매끄럽게 둥글리기 하고 비닐로 덮는다.

3 27℃의 실온, 75%의 습도에서 50분간 1차 발효시킨다.

분할 ────── 중간 발효 ──────

4 아래에서 위로 반죽을 가볍게 접고 반죽통을 90°로 돌려가며 4번 접고 다시 비닐로 덮어 20분 발효한다. 반죽이 2배 부풀면 완성이다.

5 발효된 반죽 위에 덧가루를 살짝 뿌리고 반죽을 스크레이퍼로 잘라 저울에 50g씩 달아 나눠 매끄럽게 둥글리기 한다.

6 ⑤를 비닐로 덮어 15분간 실온에 둔다.

─── 성형 ───

7 우유를 냄비에 붓고 약한 불에서 끓인다. 그사이 다른 볼에 달걀노른자, 설탕, 체에 내린 코코아와 박력분을 넣고 덩어리가 없고 매끄러워질 때까지 거품기로 잘 섞는다. 우유가 끓으면 반죽에 천천히 부어가며 저어주고 체에 내려 다시 냄비에 담는다. 중불로 끓이다가 걸쭉해지면 불을 끄고 다크초콜릿을 넣어준 다음 1분간 그대로 두어 녹이고 잘 저어준다. 비닐을 덮고 식혀 냉장 보관한다.

8 ⑥을 14cm의 타원형으로 밀어 펴서 손바닥에 올려놓고 가운데에 짤주머니로 초코크림을 45g씩 짜고 반죽 윗부분을 잡아 반으로 접어 이음매를 잘 봉한다.

─── 2차 발효 ─── ─── 굽기 ───

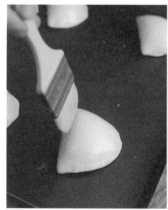  

9 철판에 놓고 달걀물을 칠한다.

10 32℃ 80%의 발효실에서 60분간 발효한다. 반죽 부피가 2.5배 되면 초코크림으로 모양을 낸다.

11 윗불 200℃ 아랫불 160℃로 예열한 오븐에 넣고 12분간 굽는다.
가정용 오븐의 경우 190℃에서 색을 확인하며 12~15분 굽는다.

땅콩크림빵

Level ●●●

PEANUT CREAM BUN

고소한 땅콩맛 버터크림이 듬뿍 들어간 땅콩크림빵은 팥빵, 소보로빵과 더불어 3대 스테디셀러 빵이다.

재료 (약 20개)	B/P(%)	중량(g)
본반죽		
강력분	100	500
설탕	21	105
소금	1.8	9
분유	2	10
세미 드라이이스트	1.4	7
우유	38	190
달걀	20	100
발효종	12	60
버터	15	75
땅콩크림		
무염버터		350
마가린		100
달걀흰자		100
설탕		180
물		85
연유		50
땅콩버터		180
땅콩분태		200

주요 공정	
본반죽	저속 5분 ···▶ 중속 2분 ···▶ 버터 투입 ···▶ 중속 7분 (반죽 온도 26℃)
1차 발효	27℃ 75% 50분 ···▶ 접기 ···▶ 20분 (2배)
분할	50g
중간 발효	15분
성형	타원형
2차 발효	32℃ 80% 60분
굽기	윗불 220℃ 아랫불 180℃ 9~10분 (가정용 오븐 200℃ 9~12분)

Chef's Tip

땅콩크림에 마가린을 섞는 이유는 수명을 늘리고 잘 녹지 않게 하기 위해서이다.

본반죽

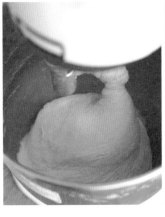

1 믹싱볼에 버터를 제외한 모든 재료를 넣고 저속에서 5분간 반죽하고 속도를 올려 중속에서 2분간 반죽한다. 반죽에 글루텐이 생기기 시작하면 버터를 넣고 중속에서 7분간 반죽한다.

2 완성된 반죽을 표면이 매끄럽게 둥글리기 하고 비닐로 덮는다.

3 27℃의 실온, 75%의 습도에서 50분간 1차 발효시킨다.

4 아래에서 위로 반죽을 가볍게 접고 반죽통을 90°로 돌려가며 4번 접고 다시 비닐로 덮어 20분 발효한다. 반죽이 2배 부풀면 완성이다.

분할

중간 발효

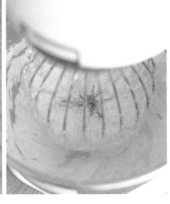

5 발효된 반죽 위에 덧가루를 살짝 뿌리고 반죽을 스크레이퍼로 조심스럽게 잘라 저울에 50g씩 달아 나눠 매끄럽게 둥글리기 한다.

6 ⑤를 비닐로 덮어 15분간 실온에 둔다.

7 냄비에 설탕 150g과 물 85g을 넣고 온도가 118℃가 될 때까지 끓인다. 믹서볼에 달걀흰자와 설탕 30g을 넣고 휘퍼를 이용해 거품을 60%까지 올리고 시럽을 부어가며 단단한 머랭을 만든다.

── 성형 ──

8 실온에 둔 버터와 마가린을 휘퍼로 풀어주고 연유를 넣고 중속으로 머랭에 조금씩 넣어가며 크림화한다. 완성된 버터크림에 땅콩크림을 넣고 잘 섞어 짤주머니에 담아 준비한다.

9 ⑥을 15cm의 타원형으로 모양을 만든 뒤 매끈한 쪽이 바닥을 향하도록 뒤집는다. 반죽 및 끝부분을 넓게 펴 삼각형 모양으로 만들고 힘을 주어 말아 긴 막대형을 만든 다음 이음매를 봉한다. 반죽 길이가 13cm가 되게 하고 표면에 우유를 묻혀 땅콩 분태를 골고루 묻히고 철판에 둔다.

2차 발효 ──── **굽기** ────

10 32℃ 80%의 발효실에서 60분간 발효한다. 반죽 부피가 2.5배 되면 완성이다.

11 윗불 220℃ 아랫불 180℃로 예열한 오븐에 넣고 9~10분간 굽는다.
가정용 오븐의 경우 200℃에서 색을 확인하며 9~12분 굽는다.

12 구워 나온 빵을 완전히 식히고 반을 잘라 땅콩크림을 30g 정도 짜준다.

갈릭 소보로빵

GARLIC SOBORO BUN

바삭한 소보로 위에 갈릭 소스를 듬뿍 발라 먹으면 달콤하고 짭짤한 조합이 아주 좋다. 겉은 바삭하고 속은 부드러운 갈릭 소보로빵은 친숙하면서도 이색적인 맛을 선사한다.

재료 (약 20개)

재료	B/P(%)	중량(g)
본반죽		
강력분	100	500
설탕	21	105
소금	1.8	9
분유	2	10
세미 드라이이스트	1.4	7
우유	38	190
달걀	20	100
발효종	12	60
버터	15	75
갈릭 소보로		
중력분		300
설탕		150
버터		75
마가린		50
땅콩버터		40
베이킹파우더		5
달걀		25
마늘플레이크		30
소금		2
마늘소스		
버터		100
설탕		60
마요네즈		50
마늘 다진 것		35
달걀		50
파슬리		1

주요 공정

본반죽	저속 5분 ···▶ 중속 2분 ···▶ 버터 투입 ···▶ 중속 7분 (반죽 온도 26℃)
1차 발효	27℃ 75% 50분 ···▶ 접기 ···▶ 20분 (2배)
분할	50g
중간 발효	15분
성형	타원형
2차 발효	32℃ 80% 50분
굽기	윗불 180℃ 아랫불 160℃ 14분 (가정용 오븐 190℃ 12~15분)

Chef's Tip

마늘을 살짝 볶아주면 아린 맛이 제거되어 더욱 고소한 마늘빵을 만들 수 있다.

1 믹싱볼에 버터를 제외한 모든 재료를 넣고 저속에서 5분간 반죽하고 속도를 올려 중속에서 2분간 반죽한다. 반죽에 글루텐이 생기기 시작하면 버터를 넣고 중속에서 7분간 반죽한다.

2 완성된 반죽을 표면이 매끄럽게 둥글리기 하고 비닐로 덮는다.

3 27℃의 실온, 75%의 습도에서 50분간 1차 발효시킨다.

 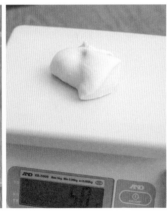 

4 아래에서 위로 반죽을 가볍게 접고 반죽통을 90°로 돌려가며 4번 접고 다시 비닐로 덮어 20분 발효한다. 반죽이 2배 부풀면 완성이다.

5 발효된 반죽 위에 덧가루를 살짝 뿌리고 반죽을 스크레이퍼로 조심스럽게 잘라 저울에 50g씩 달아 나눠 매끄럽게 둥글리기 한다.

6 ⑤를 비닐로 덮어 15분간 실온에 둔다.

7 버터, 마가린, 땅콩버터, 설탕, 소금을 넣고 거품기로 젓는다. 달걀을 조금씩 넣어 젓다가 중력분, 베이킹파우더를 마저 섞고, 그 위에 마늘 플레이크를 뿌린다. 손으로 비벼 보슬보슬하게 한다.

8 냄비에 버터와 다진 마늘을 넣고 살짝 볶는다. 식힌 후 모든 재료를 넣고 잘 섞는다.

9 ⑥을 15cm의 타원형으로 모양을 만든 뒤 매끈한 쪽이 바닥을 향하도록 뒤집는다. 반죽 및 끝부분을 넓게 펴 삼각형 모양으로 만들고 힘을 주어 말아 긴 막대형을 만든 다음 이음매를 봉한다.

10 반죽 길이가 13cm가 되게 하고 표면에 우유를 묻혀 소보로를 골고루 묻힌다.

11 ⑩에 마늘 소스를 잘 발라 철판 위에 둔다. 32℃ 80%의 발효실에서 50분간 발효한다. 반죽 부피가 2배 되면 완성이다.

12 윗불 180℃ 아랫불 160℃로 예열한 오븐에 넣고 14분간 굽는다.
가정용 오븐의 경우 190℃에서 색을 확인하며 12~15분 굽는다.

흑당크림치즈빵

Level ●●

BROWN SUGAR CHEESE BUN

흑당은 정제가 되지 않은 사탕수수 원당으로 각종 미네랄이 풍부하고 달콤한 향과 감칠맛이 나 최근 제빵에 많이 사용된다. 겉은 바삭하면서 안에는 흑당의 달콤함과 크림치즈가 어울려 매력적인 맛이 탄생했다.

재료 (약 15개)	B/P(%)	중량(g)
본반죽		
강력분	100	500
설탕	21	105
소금	1.8	9
분유	2	10
세미 드라이이스트	1.4	7
우유	38	190
달걀	20	100
발효종	12	60
버터	15	75
충전물		
크림치즈		400
슈거파우더		40
흑당시럽		40
당밀		6
비스켓		
무염버터		145
설탕		200
연유		30
달걀		35
중력분		110
베이킹파우더		2

주요 공정

본반죽	저속 5분 ⋯➡ 중속 2분 ⋯➡ 버터 투입 ⋯➡ 중속 7분 (반죽 온도 26℃)
1차 발효	27℃ 75% 50분 ⋯➡ 접기 ⋯➡ 20분 (2배)
분할	70g
중간 발효	15분
성형	납작한 머핀 모양 (치즈속 30g 비스켓 25g)
2차 발효	32℃ 80% 40분
굽기	윗불 180℃ 아랫불 190℃ 14분 (가정용 오븐 190℃ 12~15분)

Chef's Tip

흑당 시럽이 맛이 가장 좋지만 없을 때는 흑설탕과 원당을 일대일로 섞어 물을 1큰술 정도 넣고 끓여서 시럽을 만든다.

본반죽

 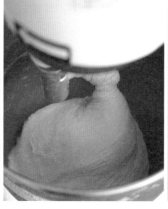

1차 발효

1 믹싱볼에 버터를 제외한 모든 재료를 넣고 저속에서 5분간 반죽하고 속도를 올려 중속에서 2분간 반죽한다. 반죽에 글루텐이 생기기 시작하면 버터를 넣고 중속에서 7분간 반죽한다.

2 완성된 반죽을 표면이 매끄럽게 둥글리기 하고 비닐로 덮는다.

3 27℃의 실온, 75%의 습도에서 50분간 1차 발효시킨다.

분할

중간 발효

4 아래에서 위로 반죽을 가볍게 접고 반죽통을 90°로 돌려가며 4번 접고 다시 비닐로 덮어 20분 발효한다. 반죽이 2배 부풀면 완성이다.

5 발효된 반죽 위에 덧가루를 살짝 뿌리고 반죽을 스크레이퍼로 조심스럽게 잘라 저울에 70g씩 달아 나눠 매끄럽게 둥글리기 한다.

6 ⑤를 비닐로 덮어 15분간 실온에 둔다.

────── 성형 ──────　　　　2차 발효 ──────

  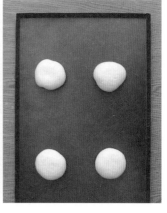

7 볼에 크림치즈를 넣고 거품기로 가볍게 풀어주고, 슈거파우더, 흑당 시럽, 당밀을 넣고 골고루 섞어 냉장 보관한다.

8 ⑥의 반죽에 충전물 30g을 올려 반죽으로 감싼다.

9 32℃ 80%의 발효실에서 40분 간 발효한다. 반죽 부피가 2배 되면 완성이다.

────── 굽기 ──────

10 볼에 무염버터와 설탕, 연유를 넣고 크림화한다. 달걀을 조금 씩 넣어주고 중력분과 베이킹 파우더를 미리 체에 내리고 섞 는다. 냉장고에 30분간 휴지시 켰다가 25g씩 분할한다.

11 25g로 분할한 비스켓을 빵 크 기보다 작은 크기로 밀어펴서 조심스럽게 발효된 반죽위에 덮는다. 3cm 높이의 틀을 가장 자리에 두고 그 위에 실리콘시 트를 덮은 후 다시 철판을 위에 올린다.

12 윗불 180℃ 아랫불 190℃로 예 열한 오븐에 넣고 14분간 굽 는다.
　가정용 오븐의 경우 190℃에서 색을 확인하며 12~15분 굽는다.

치기리빵

ちぎりパン

손으로 뜯어먹는 빵이라는 뜻의 치기리빵은 손으로 뜯어 잼이나 버터크림을 발라 먹으면 별미이다.

Level ●●

재료 (약 3개)	B/P(%)	중량(g)
본반죽		
강력분	100	500
설탕	21	105
소금	1.8	9
분유	2	10
세미 드라이이스트	1.4	7
우유	38	190
달걀	20	100
발효종	12	60
버터	15	75

주요 공정

본반죽	저속 5분 ⋯› 중속 2분 ⋯› 버터 투입 ⋯› 중속 7분 (반죽 온도 26℃)
1차 발효	27℃ 75% 50분 ⋯› 접기 ⋯› 20분 (2배)
분할	30g×10
중간 발효	15분
성형	직사각형
2차 발효	32℃ 80% 60분
굽기	윗불 180℃ 아랫불 180℃ 23분 (가정용 오븐 180℃ 25분)

본반죽 —————————— 1차 발효 ——————

1 믹싱볼에 버터를 제외한 모든 재료를 넣고 저속에서 5분간 반죽하고 속도를 올려 중속에서 2분간 반죽한다. 반죽에 글루텐이 생기기 시작 하면 버터를 넣고 중속에서 7분간 반죽한다.

2 27℃의 실온, 75%의 습도에서 50분간 1차 발효시킨다.

분할 —————————— 중간 발효 ——————

3 아래에서 위로 반죽을 가볍게 접 고 반죽통을 90°로 돌려가며 4번 접고 다시 비닐로 덮어 20분 발 효한다. 반죽이 2배 부풀면 완성 이다.

4 발효된 반죽 위에 덧가루를 살 짝 뿌리고 반죽을 스크레이퍼로 조심스럽게 잘라 저울에 30g씩 달아 나눠 매끄럽게 둥글리기 한다.

5 ④를 비닐로 덮어 15분간 실온에 둔다.

성형 ──────────────────────────────── **2차 발효** ────────────

6 중간 발효가 끝난 반죽을 밀가루 뿌린 작업대에 놓고, 가스를 뺀 다음 둥글리기 하고 20x10x5cm 틀에 10개씩 가지런히 둔다.

7 32℃ 80%의 발효실에서 60분간 발효한다. 발효가 끝나면 표면에 달걀물을 칠한다.

굽기 ────────────────────

8 윗불 180℃ 아랫불 180℃로 예열한 오븐에 넣고 23분간 굽는다.
가정용 오븐의 경우 180℃에서 색을 확인하며 25분 굽는다.

멜론빵

メロンパン

멜론의 껍질 무늬와 닮아 멜론빵으로 불리는 일본의 인기 빵이다. 멜론 모양을 내는 겉반죽은 바삭하고 속은 촉촉하면서 쫄깃하다. 요즘은 실제 멜론 과육을 넣어 만들기도 한다.

재료 (약 20개)

	B/P(%)	중량(g)
본반죽		
강력분	100	500
설탕	21	105
소금	1.8	9
분유	2	10
세미 드라이이스트	1.4	7
우유	38	190
달걀	20	100
발효종	12	60
버터	15	75
멜론 겉반죽		
박력분		180
설탕		103
버터		46
달걀		70
베이킹파우더		1.5
바닐라 오일		1
멜론오일		1
멜론크림		
생크림		400
식물성 휘핑크림		100
설탕		60
멜론과즙		12
멜론 페이스트		5

주요 공정

본반죽	저속 5분 ⋯ 중속 2분 ⋯ 버터 투입 ⋯ 중속 7분 (반죽 온도 26℃)
1차 발효	27℃ 75% 50분 ⋯ 접기 ⋯ 20분 (2배)
분할	50g
중간 발효	15분
성형	원형 + 멜론 겉반죽 35g
2차 발효	30℃ 70% 40분
굽기	윗불 190℃ 아랫불 160℃ 14분 (가정용 오븐 190℃ 15분)

Chef's Tip

멜론빵은 겉반죽을 씌워 굽기 때문에 너무 과발효시키지 않도록 주의한다. 과발효되면 겉반죽 무게를 이기지 못하고 주저앉는다.

1 믹싱볼에 버터를 제외한 모든 재료를 넣고 저속에서 5분간 반죽하고 속도를 올려 중속에서 2분간 반죽한다. 반죽에 글루텐이 생기기 시작하면 버터를 넣고 중속에서 7분간 반죽한다.

2 완성된 반죽을 표면이 매끄럽게 둥글리기 하고 비닐로 덮는다.

3 27℃의 실온, 75%의 습도에서 50분간 1차 발효시킨다.

 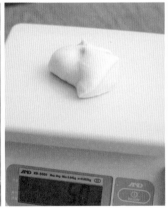 

4 아래에서 위로 반죽을 가볍게 접고 반죽통을 90°로 돌려가며 4번 접고 다시 비닐로 덮어 20분 발효한다. 반죽이 2배 부풀면 완성이다.

5 발효된 반죽 위에 덧가루를 살짝 뿌리고 반죽을 스크레이퍼로 조심스럽게 잘라 저울에 50g씩 달아 나눠 매끄럽게 둥글리기 한다.

6 ⑤를 비닐로 덮어 15분간 실온에 둔다.

── 성형 ──

7 볼에 버터와 설탕을 넣고 거품
기로 잘 섞고 달걀을 조금씩 부
어가며 크림화한다. 바닐라오일
과 멜론오일을 넣은 후 박력분
과 베이킹파우더를 반죽에 넣고
잘 섞는다. 반죽을 랩에 씌워 냉
장고에 30분간 휴지시킨다.

8 ⑦을 35g씩 분할해서 손바닥으
로 반죽을 눌러 납작하게 만들
고 지름을 2배가 되게 해 분무
기로 물을 뿌려 적시고 겉반죽
을 씌운다.

9 겉반죽 표면에 설탕을 묻히고
스크레이퍼로 격자 무늬를 넣고
철판에 가지런히 둔다.

2차 발효 ──── **굽기** ────

10 30℃ 70%의 발효실에서 40분
간 발효한다. 반죽이 2배 부풀
면 완성이다.

11 윗불 190℃ 아랫불 160℃로 예
열한 오븐에 넣고 14분간 굽
는다.
가정용 오븐의 경우 190℃에서 색을
확인하며 15분 굽는다.

12 오븐에서 나온 빵은 완전히 식
히고 빵칼로 반을 잘라 멜론 크
림을 짜서 마무리한다.

PART 4

스페셜 빵

대만파빵

台式蔥花麵包

대만에서는 파 크래커, 파 전병, 파 케이크 등 파를 이용한 빵이 많다. 대만의 파빵은 파 자체의 맛을 강조하는 것이 특징이다.

재료 (약 20개)	B/P(%)	중량(g)
본반죽		
강력분	100	500
설탕	21	105
소금	1.8	9
분유	2	10
세미 드라이이스트	1.4	7
우유	38	190
달걀	20	100
발효종	12	60
버터	15	75
파 토핑		
실파		1000
올리브오일		130
달걀흰자		150
후춧가루		3
녹인 가염버터		30
소금		8

주요 공정

본반죽	저속 5분 ⋯ 중속 2분 ⋯ 버터 투입 ⋯ 중속 7분 (반죽 온도 26℃)
1차 발효	27℃ 75% 50분 ⋯ 접기 ⋯ 20분 (2배)
분할	50g
중간 발효	15분
성형	타원형
2차 발효	32℃ 80% 60분
굽기	윗불 220℃ 아랫불 180℃ 9~10분 (가정용 오븐 200℃ 9~12분)

Chef's Tip

일반적으로는 쪽파나 실파를 사용하지만, 단맛이 좋은 대파를 사용해도 좋다. 이 빵은 높은 온도에서 짧게 굽는다.

본반죽

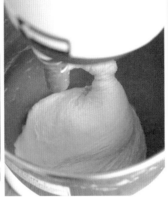

1차 발효

1 믹싱볼에 버터를 제외한 모든 재료를 넣고 저속에서 5분간 반죽하고 속도를 올려 중속에서 2분간 반죽한다. 반죽에 글루텐이 생기기 시작하면 버터를 넣고 중속에서 7분간 반죽한다.

2 완성된 반죽을 표면이 매끄럽게 둥글리기 하고 비닐로 덮는다.

3 27℃의 실온, 75%의 습도에서 50분간 1차 발효시킨다.

분할

중간 발효

4 아래에서 위로 반죽을 가볍게 접고 반죽통을 90°로 돌려가며 4번 접고 다시 비닐로 덮어 20분 발효한다. 반죽이 2배 부풀면 완성이다.

5 발효된 반죽 위에 덧가루를 살짝 뿌리고 반죽을 스크레이퍼로 조심스럽게 잘라 저울에 50g씩 달아 나눠 매끄럽게 둥글리기 한다.

6 ⑤를 비닐로 덮어 15분간 실온에 둔다.

성형

7 실파는 물에 깨끗이 씻고 0.5cm간격으로 송송 썬다. 모든 재료를 넣고 버무려준다.

8 ⑥을 12cm 길이의 타원형이 되도록 만든 후 매끈한 쪽이 바닥을 향하도록 두고 반죽의 1/3을 접고 가볍게 눌러 붙인다. 반대쪽도 1/3을 접고 그대로 말아 이음매를 봉한 후 철판에 놓는다.

2차 발효   ## 굽기

9 달걀물을 칠하고 날카로운 칼로 윗부분을 칼집 낸다. 32℃ 80%의 발효실에서 60분간 발효한다. 반죽 부피가 2.5배 되면 완성이다. 발효가 끝나면 칼집 낸 윗부분에 파 토핑을 40~50g 올린다.

10 윗불 220℃ 아랫불 180℃로 예열한 오븐에 넣고 9~10분간 굽는다.
가정용 오븐의 경우 200℃에서 색을 확인하며 9~12분 굽는다.

야키소바빵

焼きそばパン

야키소바빵은 핫도그빵을 반으로 갈라 일본식 볶음면을 넣어 만든 빵이다. 일본 베이커리에서는 돈가스샌드
와 어깨를 나란히 할 정도로 인기가 좋다.

재료 (약 18개)

	B/P(%)	중량(g)
본반죽		
강력분	100	500
설탕	21	105
소금	1.8	9
분유	2	10
세미 드라이이스트	1.4	7
우유	38	190
달걀	20	100
발효종	12	60
버터	15	75
야키소바		
야키소바면		180
식용유		12
당근		30
소시지		30
양파		40
양배추		50
야키소바소스		15
우스터소스		7
물엿		5
간장		7
케첩		5
후춧가루		1
물		20
상추		적당량
마요네즈		적당량

주요 공정

본반죽	저속 5분 ┄➔ 중속 2분 ┄➔ 버터 투입 ┄➔ 중속 7분 (반죽 온도 26℃)
1차 발효	27℃ 75% 50분 ┄➔ 접기 ┄➔ 20분 (2배)
분할	60g
중간 발효	15분
성형	타원형
2차 발효	32℃ 80% 60분
굽기	윗불 200℃ 아랫불 160℃ 12분 (가정용 오븐 190℃ 12~15분)

본반죽 ────────────────────────────────── 1차 발효 ──────

1 믹싱볼에 버터를 제외한 모든 재료를 넣고 저속에서 5분간 반죽하고 속도를 올려 중속에서 2분간 반죽한다. 반죽에 글루텐이 생기기 시작하면 버터를 넣고 중속에서 7분간 반죽한다.

2 완성된 반죽을 표면이 매끄럽게 둥글리기 하고 비닐로 덮는다.

3 27℃의 실온, 75%의 습도에서 50분간 1차 발효시킨다.

분할 ────────────────────────────────── 중간 발효 ──────

4 아래에서 위로 반죽을 가볍게 접고 반죽통을 90°로 돌려가며 4번 접고 다시 비닐로 덮어 20분 발효한다. 반죽이 2배 부풀면 완성이다.

5 발효된 반죽 위에 덧가루를 살짝 뿌리고 반죽을 스크레퍼로 조심스럽게 잘라 저울에 60g씩 달아 나눠 매끄럽게 둥글리기 한다.

6 ⑤를 비닐로 덮어 15분간 실온에 둔다.

성형

2차 발효

7 ⑥을 15cm 길이의 타원형이 되도록 만든 후 반죽 밑 부분을 손으로 눌러 얇게 만들어 붙인다. 양손으로 끝부터 돌돌 말아 이음매를 잘 봉한 후 12cm 길이로 만들어 철판에 옮기고 달걀물을 칠한다.

8 32℃ 80%의 발효실에서 60분간 발효한다. 반죽 부피가 2.5배 되면 완성이다.

굽기

9 윗불 200℃ 아랫불 160℃로 예열한 오븐에 넣고 12분간 굽는다.
가정용 오븐의 경우 190℃에서 색을 확인하며 12~15분 굽는다.

10 작은 볼에 야키소바 소스, 우스터 소스, 물엿, 간장, 케첩을 넣고 잘 섞는다. 프라이팬에 기름을 두르고 채를 썬 양파와 당근, 소시지, 면과 물을 넣고 볶는다. 소스를 넣고 1~2분간 물기가 없어질 때까지 볶아 식혀둔다.

11 구운 빵은 완전히 식히고 빵칼로 윗부분을 2/3 자른다. 자른 부분에 마요네즈를 골고루 바른 후 상추를 올려준다. 상추 안에 야키소바 면을 채워 넣고 위에 채소 고명을 올려 마무리한다.

치킨 풀로스빵

CHICKEN FLOSS BUNS

풀로스는 싱가포르, 말레시이아, 인도네시아에서 즐겨 먹는 요리로 닭고기나 소고기를 양념해서 조리한 후 결대로 찢어 건조한 음식이다. 다양한 토핑을 올려 먹는 동남아의 이색 빵을 만들어보자.

재료 (약 20개)

	B/P(%)	중량(g)
본반죽		
강력분	100	500
설탕	21	105
소금	1.8	9
분유	2	10
버터	15	75
우유	38	190
달걀	20	100
발효종	12	60
세미 드라이이스트	1.4	7
소스		
마요네즈		300
연유		120
치킨 풀로스		적당량

주요 공정

본반죽	저속 5분 ⋯→ 중속 2분 ⋯→ 버터 투입 ⋯→ 중속 7분 (반죽 온도 26℃)
1차 발효	27℃ 75% 50분 ⋯→ 접기 ⋯→ 20분 (2배)
분할	50g
중간 발효	15분
성형	타원형
2차 발효	32℃ 80% 60분
굽기	윗불 200℃ 아랫불 160℃ 12분 (가정용 오븐 190℃ 12~15분)

🗨 치킨 풀로스 만들기

재료 닭가슴살 500g, 레몬그라스 1개, 마늘 3개, 월계수잎 4개, 코코넛설탕 60g, 코코넛밀크 200g, 식용유 20g
양념 마늘 40g, 홍고추 2개, 코리앤더 씨 7g, 쿠민 씨 3g, 설탕 22g, 소금 5g, 강황 4g, 갈랑갈 5g

1 냄비에 닭가슴살, 레몬그라스, 으깬 마늘을 넣고 푹 익을 정도까지 삶아 손으로 잘게 찢는다.

2 양념 재료를 블렌더에 곱게 간다.

3 프라이팬에 기름을 두르고 곱게 간 양념을 볶는다. 닭가슴살과 코코넛밀크, 코코넛설탕, 월계수잎을 넣고 2~3시간 약한 불에 볶고 식힌다.

본반죽

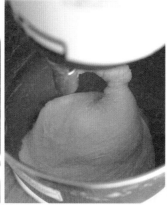

1차 발효

1 믹싱볼에 버터를 제외한 모든 재료를 넣고 저속에서 5분간 반죽하고 속도를 올려 중속에서 2분간 반죽한다. 반죽에 글루텐이 생기기 시작하면 버터를 넣고 중속에서 7분간 반죽한다.

2 완성된 반죽을 표면이 매끄럽게 둥글리기 하고 비닐로 덮는다.

3 27℃의 실온, 75%의 습도에서 50분간 1차 발효시킨다.

분할

중간 발효

4 아래에서 위로 반죽을 가볍게 접고 반죽통을 90°로 돌려가며 4번 접고 다시 비닐로 덮어 20분 발효한다. 반죽이 2배 부풀면 완성이다.

5 발효된 반죽 위에 덧가루를 살짝 뿌리고 반죽을 스크레이퍼로 조심스럽게 잘라 저울에 50g씩 달아 나눠 매끄럽게 둥글리기한다.

6 ⑤를 비닐로 덮어 15분간 실온에 둔다.

성형 ——————— 2차 발효 ——————— 굽기 ———————

7 ⑥을 15cm 길이의 타원형이 되도록 밀어 펴고 양손으로 끝부터 말아준다. 이음매를 봉한 후 손바닥을 굴려 12cm로 만들고 철판에 옮긴 후 달걀물을 칠한다.

8 32℃ 80%의 발효실에서 60분간 발효한다. 반죽 부피가 2.5배되면 완성이다.

9 윗불 200℃ 아랫불 160℃로 예열한 오븐에 넣고 12분간 굽는다.
가정용 오븐의 경우 190℃에서 색을 확인하며 12~15분 굽는다.

10 볼에 마요네즈, 연유를 넣고 잘 섞어 준비한다.

11 오븐에서 꺼낸 망을 식힌 후 빵칼로 옆을 자른다. 자른 부분을 벌려 소스를 얇게 바르고 덮은 후 빵 표면에도 소스를 바른다. 그 위에 치킨 풀로스를 골고루 붙혀 마무리한다.

코코넛 레이즌빵

COCONUT RAISIN ROLL

은은한 단맛이 나는 코코넛 밀크를 넣은 반죽에 건포도의 씹는 맛까지 가미한 빵이다. 모닝빵 크기의 작은 빵으로 코코넛과 시나몬의 향 조합이 좋다. 간식으로 홍차와 함께 즐겨보자.

재료 (약 20개)

	B/P(%)	중량(g)
본반죽		
강력분	100	500
코코넛 설탕	20	100
소금	2	10
세미 드라이이스트	1.4	7
코코넛밀크	20	100
달걀	22	110
물	26	130
발효종	12	75
버터	20	100
시나몬분말	1	5
카다몸분말	0.4	2
넛메그분말	0.2	1
건포도	36	180

주요 공정

본반죽	저속 5분 ⋯ 중속 2분 ⋯ 버터 투입 ⋯ 중속 8분 (반죽 온도 26℃)
1차 발효	27℃ 75% 50분 ⋯ 접기 ⋯ 20분 (2배)
분할	50g
중간 발효	15분
성형	원형
2차 발효	32℃ 80% 60~70분
굽기	윗불 190℃ 아랫불 160℃ 9분 (가정용 오븐 200℃ 10분)

Chef's Tip

건포도는 미지근한 물에 15분간 담갔다가 물기를 뺀 뒤 냉장고에 넣고 하룻밤 둔 다음 사용한다.

본반죽

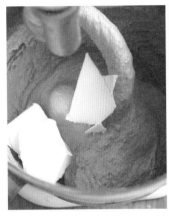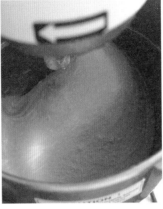

1 믹싱볼에 버터를 제외한 모든 재료를 넣고 저속에서 5분간 반죽하고 속도를 올려 중속에서 2분간 반죽한다. 반죽에 글루텐이 생기기 시작하면 버터를 넣고 중속에서 8분간 반죽한다.

2 건포도를 넣어 섞은 반죽을 표면이 매끄럽게 둥글리기 하고 비닐로 덮는다.

1차 발효

3 27℃의 실온, 75%의 습도에서 50분간 1차 발효시킨다.

4 아래에서 위로 반죽을 가볍게 접고 반죽통을 90°로 돌려가며 4번 접고 다시 비닐로 덮어 20분 발효한다. 반죽이 2배 부풀면 완성이다.

분할 ──────── **중간 발효** ──────── **성형** ────────

5 발효된 반죽 위에 덧가루를 살짝 뿌리고 반죽을 스크레이퍼로 조심스럽게 잘라 저울에 50g씩 달아 나눠 매끄럽게 둥글리기 한다.

6 ⑤를 비닐로 덮어 15분간 실온에 둔다.

7 중간 발효가 끝난 반죽을 밀가루 뿌린 작업대에 놓고 가스를 뺀 후 둥글리기 한다.

2차 발효 ──────── **굽기** ────────

8 32℃ 80%의 발효실에서 60~70분간 발효한다. 반죽 부피가 2.5배 되면 완성이다. 굽기 전 달걀물을 칠한다.

9 윗불 190℃ 아랫불 160℃로 예열한 오븐에 넣고 9분간 굽는다. 가정용 오븐의 경우 200℃에서 색을 확인하며 10분 굽는다.

호두크림빵

WALNUT CREAM BREAD

겉은 바삭한 빵에 부드러운 호두맛 크림이 들어있는 빵이다. 메이플시럽은 호두와 잘 어울리고 맛을 더욱 좋게 해준다.

재료 (약 10개)	B/P(%)	중량(g)
본반죽		
강력분	90	450
통밀가루	10	50
비정제설탕	8	40
소금	2	10
분유	4	20
세미 드라이이스트	1.2	6
물	69	345
발효종	10	50
버터	10	50
호두	20	100
호두크림		
버터		300
연유		100
메이플시럽		80
호두 페이스트		30
에스프레소		2

주요 공정	
본반죽	저속 5분 ···→ 중속 3분 ···→ 버터 투입 ···→ 중속 8분 ···→ 호두 투입 ···→ 중속 1분 (반죽 온도 26℃)
1차 발효	27℃ 75% 50분 ···→ 접기 ···→ 30분 (2배)
분할	100g
중간 발효	15분
성형	타원형
2차 발효	32℃ 80% 45분
굽기	윗불 220℃ 아랫불 200℃ 15분 스팀 주입 (가정용 오븐 200℃ 18분)

Chef's Tip

호두빵을 구울 때는 충분히 스팀을 가해줘야 특유의 바삭한 느낌을 살릴 수 있다.

본반죽

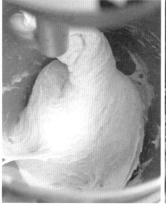

1 믹싱볼에 호두와 버터를 제외한 모든 재료를 넣고 저속에서 5분간 반죽하고 속도를 올려 중속에서 3분간 반죽한다. 반죽에 글루텐이 생기기 시작하면 버터를 넣고 중속에서 8분간 반죽한다.

2 반죽이 완성되면 호두를 넣고 중속으로 1분간 섞는다.

3 완성된 반죽을 표면이 매끄럽게 둥글리기 하고 비닐로 덮는다.

1차 발효   분할

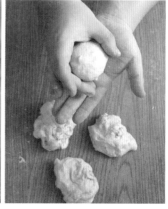

4 27℃의 실온, 75%의 습도에서 50분간 1차 발효시킨다.

5 아래에서 위로 반죽을 가볍게 접고 반죽통을 90°로 돌려가며 4번 접고 다시 비닐로 덮어 30분 발효한다. 반죽이 2배 부풀면 완성이다.

6 발효된 반죽 위에 덧가루를 살짝 뿌리고 반죽을 스크레이퍼로 조심스럽게 잘라 저울에 100g씩 달아 나눠 매끄럽게 둥글리기 한다.

중간 발효

7 ⑥을 비닐로 덮어 15분간 실온에 둔다.

8 볼에 버터를 넣고 거품기로 풀고, 모든 재료를 넣고 10분간 충분히 휘핑해 짤주머니에 넣어둔다.

성형

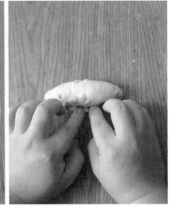

9 ⑦을 15cm 길이의 타원형으로 만들고 반죽 끝부분을 넓게 펴서 삼각형이 되게 한 후 그대로 말아 긴 막대형을 만든 후 이음매를 봉한다. 길이가 13cm가 되게 만들어 철판에 가지런히 놓는다.

2차 발효

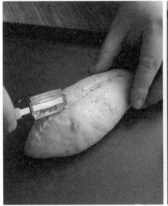

10 32℃ 80%의 발효실에서 45분간 발효한다. 반죽 부피가 2배되면 반죽 윗부분에 일자로 칼집을 낸다.

11 윗불 220℃ 아랫불 200℃로 예열한 오븐에 넣고 스팀을 주입하고 15분간 굽는다.
가정용 오븐의 경우 200℃에서 색을 확인하며 18분 굽는다.

굽기

12 오븐에서 꺼낸 빵을 식힌 후 빵칼로 위를 잘라 호두 크림을 짜넣는다. 그 위에 호두를 올리고 슈거파우더를 뿌려 장식한다.

인절미팥빵

INJEOLMI BUN

볶은 콩가루의 고소한 향과 특유의 감칠맛이 빵과 잘 어울려 요즘 제과제빵에 많이 이용된다. 빵 속에 인절미를 넣어 더욱 쫄깃한 식감을 살렸다.

재료 (약 21개)	B/P(%)	중량(g)
본반죽		
강력분	100	600
설탕	7	42
소금	1.8	11
분유	3	18
세미 드라이이스트	1.2	7
우유	68	340
인절미	10	60
발효종	7	42
버터	9	54
수제통팥		880
인절미크림		
동물성 생크림		400
식물성 휘핑크림		100
콩고물		23
설탕		20
다크럼		10
계피가루 (옵션)		0.5

주요 공정

본반죽	저속 5분 ⋯▸ 인절미 투입 ⋯▸ 중속 2분 ⋯▸ 버터 투입 ⋯▸ 중속 9분 (반죽온도 25℃)
1차 발효	27℃ 75% 20분 ⋯▸ 접기 ⋯▸ 4℃ 냉장고 12시간
분할	60g
중간 발효	60분 (반죽온도 15℃)
성형	원형 + 팥 40g + 크림 주입 40g
2차 발효	32℃ 80% 50분
굽기	윗불 180℃ 아랫불 160℃ 12분 (가정용 오븐 180℃ 12~15분)

Chef's Tip

인절미는 그날 바로 만든 것을 사용해야 반죽할 때 잘 섞인다.

1 믹싱볼에 인절미와 버터를 제외
한 모든 재료를 넣고 저속에서
5분간 반죽하고 속도를 올려 중
속에서 2분간 반죽한다. 반죽에
글루텐이 생기기 시작하면 버
터를 넣고 중속에서 9분간 반죽
한다.

2 완성된 반죽을 표면이 매끄럽게
둥글리기 하고 비닐로 덮는다.

3 27℃의 실온, 75%의 습도에서
20분간 1차 발효시킨다.

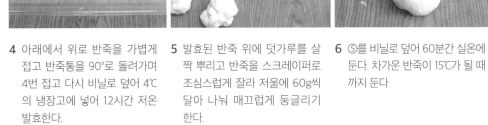  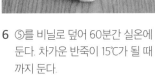

4 아래에서 위로 반죽을 가볍게
접고 반죽통을 90°로 돌려가며
4번 접고 다시 비닐로 덮어 4℃
의 냉장고에 넣어 12시간 저온
발효한다.

5 발효된 반죽 위에 덧가루를 살
짝 뿌리고 반죽을 스크레이퍼로
조심스럽게 잘라 저울에 60g씩
달아 나눠 매끄럽게 둥글리기
한다.

6 ⑤를 비닐로 덮어 60분간 실온에
둔다. 차가운 반죽이 15℃가 될 때
까지 둔다.

성형 ——— 2차 발효 ——— 굽기 ———

7 중간 발효가 끝난 반죽을 밀가루 뿌린 작업대에 놓고 가스를 뺀 후 단팥을 40g 올려 반죽으로 감싸고 이음매를 잘 봉해 철판에 놓는다.

8 32℃ 80%의 발효실에서 50분간 발효한다. 반죽 부피가 2배되면 완성이다.

9 윗불 180℃ 아랫불 160℃로 예열한 오븐에 넣고 12분간 굽는다.
가정용 오븐의 경우 180℃에서 색을 확인하며 12~15분 굽는다.

 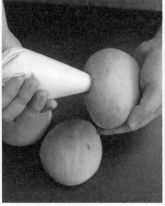 

10 볼에 모든 재료를 넣고 휘핑한 후 크림을 짤주머니에 넣어 준비한다.

11 오븐에서 나온 빵을 완전히 식혀 젓가락으로 옆구리에 구멍을 내고 크림을 짤주머니로 40g을 주입한다. 빵 표면에도 인절미크림과 콩고물을 골고루 바른다.

쑥생크림 단팥빵

Level ●●

MUGWORT REDBEAN CREAM BUN

인절미팥빵의 응용 버전으로 향긋하고 씁쓸한 맛이 좋은 쑥을 듬뿍 넣어 만든 퓨전빵이다. 촉촉하고 쑥 향이 가득한 빵 반죽 속에 달콤한 팥앙금과 쑥크림이 들어있어 많이 달지 않고 조화롭다.

재료 (약 17개)

본반죽	B/P(%)	중량(g)
강력분	100	500
쑥가루	4	20
설탕	7	35
소금	1.8	9
분유	3	15
세미 드라이이스트	1.2	6
우유	68	340
발효종	7	35
버터	9	45
수제통팥		880

쑥생크림		
동물성 생크림		400
식물성 휘핑크림		100
쑥가루		17
설탕		50
다크럼		10

주요 공정

본반죽	저속 5분 ⋯› 중속 2분 ⋯› 버터 투입 ⋯› 중속 9분 (반죽 온도 25℃)
1차 발효	27℃ 75% 50분 ⋯› 접기 ⋯› 20분
분할	60g
중간 발효	15분
성형	원형 + 팥 40g + 크림 주입 40g
2차 발효	32℃ 80% 50분
굽기	윗불 170℃ 아랫불 180℃ 12~13분 (가정용 오븐 180℃ 12~15분)

본반죽

1 믹싱볼에 인절미와 버터를 제외한 모든 재료를 넣고 저속에서 5분간 반죽하고 속도를 올려 중속에서 2분간 반죽한다. 반죽에 글루텐이 생기기 시작하면 버터를 넣고 중속에서 9분간 반죽한다.

1차 발효

2 완성된 반죽을 표면이 매끄럽게 둥글리기 하고 비닐로 덮는다.

3 27℃의 실온, 75%의 습도에서 50분간 1차 발효시킨다.

분할

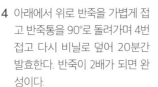

4 아래에서 위로 반죽을 가볍게 접고 반죽통을 90°로 돌려가며 4번 접고 다시 비닐로 덮어 20분간 발효한다. 반죽이 2배가 되면 완성이다.

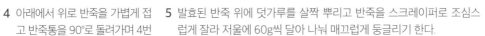

5 발효된 반죽 위에 덧가루를 살짝 뿌리고 반죽을 스크레이퍼로 조심스럽게 잘라 저울에 60g씩 달아 나눠 매끄럽게 둥글리기 한다.

중간 발효 ─────────────── 성형 ─────────────── 2차 발효 ───────────────

6 ⑤을 비닐로 덮어 15분간 실온에 둔다.

7 중간 발효가 끝난 반죽을 밀가루 뿌린 작업대에 놓고 가스를 뺀 후 단팥을 40g 올려 반죽으로 감싸고 이음매를 잘 봉해 철판에 놓는다.

8 32℃ 80%의 발효실에서 50분간 발효한다. 반죽 부피가 2배 되면 완성이다.

굽기 ───────────────────────────────────────

9 윗불 170℃ 아랫불 180℃로 예열한 오븐에 넣고 12~13분간 굽는다.
가정용 오븐의 경우 180℃에서 색을 확인하며 12~15분 굽는다.

10 볼에 모든 재료를 넣고 휘핑한 후 크림을 짤주머니에 넣어 준비한다.

11 오븐에서 나온 빵을 완전히 식혀 젓가락으로 옆구리에 구멍을 내고 크림을 짤주머니로 40g을 주입한다. 슈거파우더를 뿌려 마무리한다.

메이플빵

Level ●●●

MAPLE FLAVOURED BUN

메이플 향이 은은하게 나는 부드러운 빵이다. 메이플시럽은 등급에 따라 맛과 향이 다른데, 등급이 낮을수록 색이 진하다. 빵을 만들 때는 색이 진한 것이 더 잘 어울린다.

재료 (약 17개)	B/P(%)	중량(g)
본반죽		
강력분	90	450
박력분	10	50
메이플슈거	16	80
당밀	2	10
소금	1.8	9
메이플시트	20	100
메이플에센스	0.8	4
세미 드라이이스트	1.4	7
달걀	30	150
우유	30	150
버터	27	135
분유	4	20
발효종	9	45
메이플 토핑		
버터		80
메이플슈거		50
메이플에센스		10
달걀		70
박력분		50
아몬드분말		40

주요 공정	
본반죽	저속 5분 ⋯→ 중속 3분 ⋯→ 버터 투입 3회 ⋯→ 중속 8분 (반죽 온도 26℃)
1차 발효	27℃ 75% 70분
분할	35g×2
중간 발효	15분
성형	산형 식빵
2차 발효	32℃ 80% 60분 (빵틀보다 살짝 위)
굽기	윗불 180℃ 아랫불 180℃ 15분 (가정용 오븐 180℃ 16분)

Chef's Tip

여기에 사용된 메이플슈거는 분말 형태이다. 시럽으로 사용할 경우 우유를 20g 정도 뺀다.

본반죽

 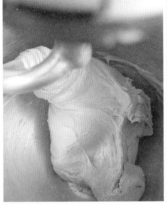

1차 발효

1 믹싱볼에 버터를 제외한 모든 재료를 넣고 저속에서 5분간 반죽하고 속도를 올려 중속에서 3분간 반죽한다. 반죽에 글루텐이 생기기 시작하면 버터를 3회 넣고 중속에서 8분간 반죽한다.

2 완성된 반죽을 표면이 매끄럽게 둥글리기 하고 비닐로 덮는다.

3 27℃의 실온, 75%의 습도에서 70분간 1차 발효시킨다. 2배로 부풀면 완성이다.

분할

성형

2차 발효

4 발효된 반죽 위에 덧가루를 살짝 뿌리고 반죽을 스크레이퍼로 조심스럽게 잘라 저울에 35g씩 달아 나눠 매끄럽게 둥글리기 한다.

5 중간 발효가 끝난 반죽을 밀가루 뿌린 작업대에 놓고 가스를 뺀 후 다시 둥글리기 해서 밑을 봉한다. 빵틀에 2개씩 넣는다.

6 32℃ 80%의 발효실에서 60분간 발효한다. 반죽 부피가 2배 되면 완성이다.

─────────────── 굽기 ───────────────

7 볼에 부드럽게 만든 버터와 모든 재료를 넣고 주걱으로 잘 섞어 짤주머니에 넣는다.

8 발효된 반죽 위에 짤주머니로 토핑을 지그재그로 짠다.

9 윗불 180℃ 아랫불 180℃로 예열한 오븐에 넣고 15분간 굽는다.
가정용 오븐의 경우 180℃에서 색을 확인하며 16분 굽는다.

캐슈넛 옥수수빵

CASHEWNUT CORN BREAD

고소하게 구운 캐슈넛과 스위트콘의 조화가 좋은 빵이다. 겉의 바삭한 캐슈넛 토핑이 옥수수빵을 한층 더 업그레이드시켰다.

재료 (약 12개)	B/P(%)	중량(g)
본반죽		
강력분	100	500
설탕	16	80
소금	1.8	9
발효종	18	90
분유	2	10
우유	30	150
달걀	32	160
버터	20	100
세미 드라이이스트	1.4	7
옥수수캔	20	100
구운 캐슈넛 다진 것	24	120
캐슈넛 토핑		
달걀흰자		98
설탕		185
아몬드분말		90
구운 캐슈넛		190

주요 공정

본반죽	저속 5분 ⋯> 중속 3분 ⋯> 버터 투입 ⋯> 중속 8분 (반죽 온도 24℃)
1차 발효	27℃ 75% 20분 ⋯> 4℃ 냉장고 12시간
분할	90g
중간 발효	60분 (반죽 중심 온도 15℃ 이상)
성형	원형
2차 발효	32℃ 80% 50분 (틀보다 살짝 위)
굽기	윗불 190℃ 아랫불 170℃ 20분 (가정용 오븐 180℃ 22분)

Chef's Tip

캐슈넛은 180℃의 오븐에서 15분간 구워 사용한다. 캐슈넛은 반드시 구워야 식감도 좋고 향이 좋다. 생캐슈넛을 사용하면 물컹해진다.

1 믹싱볼에 버터를 제외한 모든 재료를 넣고 저속에서 5분간 반죽하고 속도를 올려 중속에서 3분간 반죽한다. 반죽에 글루텐이 생기기 시작하면 버터를 넣고 중속에서 8분간 반죽한다.

2 반죽이 완성되면 그 위에 물을 뺀 옥수수와 다진 캐슈넛을 올려 스크레이퍼로 반죽을 잘라가며 골고루 섞는다.

3 완성된 반죽을 표면이 매끄럽게 둥글리기 하고 비닐로 덮는다.

4 27℃의 실온, 75%의 습도에서 20분간 1차 발효한 후 4℃의 냉장고에 넣어 12시간 저온 발효한다.

5 발효된 반죽 위에 덧가루를 살짝 뿌리고 반죽을 스크레이퍼로 조심스럽게 잘라 저울에 90g씩 달아 나눠 매끄럽게 둥글리기한다.

6 ⑤를 비닐로 덮어 60분간 실온에 둔다. 반죽 중심온도를 재서 15℃ 이상이 되면 성형을 시작한다.

7 중간 발효가 끝난 반죽을 밀가루 뿌린 작업대에 놓고 가스를 뺀 후 다시 둥글리기 해서 밑을 봉한 후 9cm 지름의 종이 틀에 넣는다.

2차 발효

8 32℃ 80%의 발효실에서 50분 간 발효한다.

9 볼에 달걀흰자와 설탕, 아몬드 분말을 넣고 주걱으로 잘 저어 다진 구운 캐슈넛을 넣고 다시 섞는다.

10 반죽된 반죽위에 토핑을 올려 발라 편다.

굽기

11 ⑩에 슈거파우더를 뿌린다.

12 윗불 190℃ 아랫불 170℃로 예 열한 오븐에 넣고 20분간 굽 는다.
가정용 오븐의 경우 180℃에서 색을 확인하며 22분 굽는다.

판단스리카야빵

ROTI PANDAN SRIKAYA

싱가포르, 말레이시아에서 인기있는 메뉴로 구수한 누룽지 향이 나는 판단 잎을 넣은 빵 반죽에 카야잼을 발라 만들어서 한국인 입맛에도 잘 맞는다.

재료 (약 5개)	B/P(%)	중량(g)
본반죽		
강력분	100	500
설탕	19	95
소금	1.8	9
발효종	7	35
판단물*	34	170
코코넛밀크	12	60
달걀	18	90
버터	22	110
판단 페이스트*	0.4	2
세미 드라이이스트	1.4	7
판단물*		
판단 잎		100
물		300
카야크림		
크림치즈		300
카야잼		200
박력분		20
카야 스프레드		
크림치즈		200
버터		90
카야잼		100
럼		10
슈거파우더		60
녹인 버터		적당량
카야잼		적당량

주요 공정

본반죽	저속 3분 ⋯▶ 중속 2분 ⋯▶ 버터 투입 ⋯▶ 중속 7분 (반죽 온도 27℃)
1차 발효	27℃ 75% 70분 (2.5배)
분할	220g
중간 발효	15분
성형	미니식빵틀 롤 3개
2차 발효	32℃ 80% 60분
굽기	윗불 180℃ 아랫불 180℃ 22분 (가정용 오븐 180℃ 25분)

Chef's Tip

판단 페이스트와 판단 잎은 아시아마트에서 구입할 수 있다.

재료 준비하기

본반죽

1 판단 잎을 2cm 간격으로 썰어 블렌더에 물과 함께 넣고 곱게 간다. 체에 거른 물을 냉장고에 12시간 둔다. 다음날 맑은 상층액을 조심스레 따라버리고 농도가 진한 녹색 페이스트 물을 170g 사용한다.

2 믹싱볼에 버터를 제외한 모든 재료를 넣고 저속에서 3분간 반죽하고 속도를 올려 중속에서 2분간 반죽한다. 반죽에 글루텐이 생기기 시작하면 버터를 넣고 중속에서 7분간 반죽한다.

3 완성된 반죽을 표면이 매끄럽게 둥글리기 하고 비닐로 덮는다.

1차 발효

분할

중간 발효

4 27℃의 실온, 75%의 습도에서 70분간 1차 발효한다. 반죽이 2.5배 부풀면 완성이다.

5 발효된 반죽 위에 덧가루를 살짝 뿌리고 반죽을 스크레이퍼로 조심스럽게 잘라 저울에 220g씩 달아 나눠 매끄럽게 둥글리기 한다.

6 ⑤를 비닐로 덮어 15분간 실온에 둔다.

─── 성형 ─── ─── 2차 발효 ───

7 볼에 부드럽게 풀어준 크림치즈와 카야잼, 박력분을 넣고 카야크림을 만든다.

8 ⑥에 밀가루를 살짝 뿌리고 35x12cm의 직사각형이 되도록 밀어 펴고 카야크림 90g을 올려 바른다. 윗부분부터 돌돌 말고 이음매를 잘 봉한 후 스크레이퍼로 삼등분한다. 자른 면이 위로 가도록 빵틀에 3개씩 넣는다.

9 32℃ 80%의 발효실에서 60분간 발효한다.

굽기

10 윗불 180℃ 아랫불 180℃로 예열한 오븐에 넣고 22분간 굽는다.
가정용 오븐의 경우 180℃에서 색을 확인하며 25분간 굽는다.

11 볼에 버터와 크림치즈, 카야잼, 럼, 슈거파우더를 넣고 10분간 휘핑해 크림을 만든다.

12 오븐에서 나온 빵 위에 녹인 버터를 바르고 완전히 식힌다. 식힌 후 카야 스프레드를 발라 장식하고 카야잼을 지그재그로 짜서 마무리한다.

기초부터 응용까지 베이킹의 모든 것

브레드 마스터 클래스

요리·사진 | 고상진
사진 어시스트 | Alexander dharma

편집 | 김소연 양가현 이희진
디자인 | 한송이
마케팅 | 장기봉 최지언 이진목 김슬기

인쇄 | 금강인쇄

초판 인쇄 | 2024년 11월 8일
초판 발행 | 2024년 11월 15일

펴낸이 | 이진희
펴낸 곳 | (주)리스컴

주소 | 서울시 강남구 테헤란로87길 22, 7151호(삼성동, 한국도심공항)
전화번호 | 대표번호 02-540-5192
　　　　　　 편집부 02-544-5194
FAX | 0504-479-4222
등록번호 | 제2-3348

ISBN 979-11-5616-777-8 13590
책값은 뒤표지에 있습니다.